# 链箅机-回转窑-环冷机系统质量、热量、㶲平衡

冯俊小　等著

北　京
冶　金　工　业　出　版　社
2013

## 内 容 提 要

本书介绍了链箅机-回转窑-环冷机系统的工艺及设备，同时对系统的质量、热量平衡测试，质量、能量和㶲平衡的计算方法进行了分析和论述，并对链-回-环球团生产系统进行了节能分析和研究。此外，书中还介绍了链-回-环系统质量、热量平衡计算软件。

本书可供从事链-回-环球团矿生产系统的工程技术人员阅读，亦可供相关专业师生和科研人员参考。

**图书在版编目（CIP）数据**

链箅机-回转窑-环冷机系统质量、热量、㶲平衡/冯俊小等著. —北京：冶金工业出版社，2013.9

ISBN 978-7-5024-6361-8

Ⅰ.①链… Ⅱ.①冯… Ⅲ.①链箅机—回转窑—冷却系统—热平衡—研究 Ⅳ.①TF3

中国版本图书馆 CIP 数据核字（2013）第 184490 号

出 版 人　谭学余

地　　址　北京北河沿大街嵩祝院北巷 39 号，邮编 100009

电　　话　(010)64027926　电子信箱　yjcbs@cnmip.com.cn

责任编辑　宋　良　王雪涛　美术编辑　彭子赫　版式设计　孙跃红

责任校对　禹　蕊　责任印制　张祺鑫

ISBN 978-7-5024-6361-8

冶金工业出版社出版发行；各地新华书店经销；北京慧美印刷有限公司印刷

2013 年 9 月第 1 版，2013 年 9 月第 1 次印刷

169mm×239mm；12 印张；231 千字；176 页

**32.00** 元

**冶金工业出版社投稿电话：(010)64027932　投稿信箱：tougao@cnmip.com.cn**

**冶金工业出版社发行部　电话：(010)64044283　传真：(010)64027893**

**冶金书店　地址：北京东四西大街 46 号(100010)　电话：(010)65289081（兼传真）**

（本书如有印装质量问题，本社发行部负责退换）

# 序

球团矿和烧结矿都是高炉炼铁的主要原料，球团矿具有含铁品位高、强度好、粒度整齐、生产耗能低等优点，更适合细粒度的磁铁精矿的造块。中国铁精矿的年产量超过了 2 亿吨，其中绝大部分是磁铁精矿，理应大力发展球团矿，但长期以来由于能源的限制，球团矿发展并不快。

2000 年，首钢矿业公司将原有的直接还原设备改造成为具有 100 万吨/年生产能力的链箅机-回转窑系统，于同年 10 月投产，很快就达到并超过了设计的目标，并成功实现以煤粉为燃料，从而为中国在矿山大规模生产球团矿开创了先河。

随后，首钢矿业公司在已有成功经验的基础上，进一步扩大球团矿生产规模，于 2001 年开始筹建年产 200 万吨球团矿的第二系列链箅机-回转窑，投产以后，经过一段时间的改造和调整，达到并超过了设计的生产能力，产品的质量和能耗都达到国内领先的水平。

此后的 12 年来，链箅机-回转窑生产球团矿工艺技术在中国得到迅速发展，许多钢铁企业纷纷建厂，最大生产能力达到每年 500 万吨。到目前为止，由其生产的球团矿的年产量已经超过了 1 亿吨。

长期以来，国内一直缺乏链-回-环系统的热诊断测试分析研究方面的文献资料，企业对该生产线的操作、管理和运行现状缺乏深入了解，对链箅机、回转窑和环冷机的结构、热利用状况以及球团加热质量等没有可靠的依据进行评判，这就造成了对今后该生产线的节能、降耗工作缺乏统筹规划。而近些年来中国新建的数十套链箅机-回转窑设备也存在着同样的问题，对于设计和生产中出现的许多问题都有着丰富的经验和深刻的教训，但是大都没有进行系统的总结。

为了填补国内对链箅机-回转窑系统缺少全面热工测试的空白，同时总结经验，并使之上升到理论高度，北京科技大学与某大型钢铁企业联合，投入大量的人力和物力，对链箅机-回转窑球团生产线进行了系统的热工测试。在对链箅机-回转窑球团生产线进行全面热诊断测试、计算和分析研究的基础上，研究和确定了各个热设备的热利用率等热工参数；分析实际生产中存在的问题，制定了相应的改进措施，为优化链箅机-回转窑系统操作过程提供可靠的依据。这些工作为本书的撰写奠定了坚实的实践基础。

本书在简述链箅机-回转窑系统、设备和工艺的基础上，就其热过程进行了详细分析。根据热力学第一定律和第二定律分析了链箅机-回转窑球团生产过程的热量平衡关系和㶲平衡关系，以及热量和㶲各项收入和支出的计算式，并以国内某钢铁联合企业的实例进行了说明。

本书对链箅机-回转窑球团生产系统热工研究取得了比较理想的成果。我们深信，这对全国新建链箅机-回转窑球团矿生产线的设计和已建链箅机-回转窑生产线的操作运行必将产生重要的指导作用和深远的影响。

孔令坛

# 前　　言

链箅机-回转窑-环冷机（简称链-回-环系统）铁矿氧化球团矿焙烧工艺是一种生产铁矿氧化球团矿的良好方法。早在1911年，瑞典人A. G. 安德松（Andersson）就发明了铁矿氧化球团矿，但直到20世纪60年代才出现了链-回-环球团法这一先进的铁矿氧化球团矿生产技术。20世纪80年代末，中国引进了链-回-环球团矿生产技术和装备。在引进的同时，中国科技工作者结合中国国情对链-回-环球团矿生产工艺、设备等方面进行了深入研究，做了许多技术改进和设备改造，使该项技术在我国得到了空前的发展和进步。近些年来各大钢铁公司纷纷投资兴建了一大批链-回-环球团矿生产线，到目前为止，超过50%的优质球团矿是由该方法生产的。链-回-环系统在中国钢铁生产中扮演着愈来愈重要的角色。

球团矿在链-回-环系统内经历了预热、干燥、加热、焙烧和冷却等过程，其中包含着复杂的质量传输、能量转换、能量传输和物理化学反应过程。一直以来在链-回-环系统质量平衡、热量平衡以及㶲平衡方面的研究相对较少。本课题组在国家高技术研究发展计划（863计划）课题（No. 2007AA05Z215）的支持下，进行了相关的研究，并将研究成果总结编写了本书。书中介绍了链-回-环系统的工艺及设备，同时对系统的质量、热量平衡测试，质量、能量和㶲平衡的计算方法进行了分析和论述。作者于2008年7月对国内某钢铁集团矿业公司的链-回-环系统进行了热工测试，书中第6章结合第3、4、5章内容对测试数据进行整理和计算，举例说明以便读者理解，并对链-回-环球团生产系统进行了节能分析和研究。书中对链-回-环系统质量、热量平衡计算软件也做了介绍，以望对该系统实现自动控制做些铺垫。

本书的出版，得到了国家高技术研究发展计划（863计划）课题（No. 2007AA05Z215）的资助，同时也得到了“洛伊教育基金”、“凤凰教育基金”、“赛迪教育基金”和“威仕炉教育基金”的大力支持，在此表示衷心的感谢。

在编写过程中，得到了北京科技大学孔令坛、胡永平教授的悉心指导和大力帮助；同时，链-回-环系统热平衡和㶲平衡计算的有关工作得到了首钢集团矿业公司徐景海、张永明、杨金保、刘福来、张旦等工程技术人员的大力支持和鼎力相助；在书稿的文字编辑和质量、能量和㶲平衡计算方面，得到了北京科技大学张宇、谢知音、陈艳梅博士，赵志南、姬江峰、刘天力、朱彦飞、张志远硕士的大力帮助，在此一并致以衷心的感谢。

由于编者水平所限，书中有不足之处，敬请读者斧正。

冯俊小

于北京科技大学

2013年6月

# 符 号 表

| 符 号 | 名 称 | 单 位 |
| --- | --- | --- |
| $m$ | 物料质量 | t/h |
| $c$ | 物质定压比热容 | kJ/(kg·℃) |
| $T$ | 温度 | K |
| $Q$ | 系统收入的热量 | kJ/h |
| $Q'$ | 系统支出的热量 | kJ/h |
| $V$ | 气体流量 | $m^3/h$（标态） |
| $\alpha_{对流}$ | 对流换热系数 | $W/(m^2·℃)$ |
| $\alpha_{辐射}$ | 辐射换热系数 | $W/(m^2·℃)$ |
| $\alpha_i$ | 对流与辐射综合换热系数 | $W/(m^2·℃)$ |
| $Nu$ | 努塞尔数 | |
| $Gr$ | 格拉晓夫数 | |
| $\alpha_V$ | 体胀系数 | 1/K |
| A | 截面积 | $m^2$ |
| $\widetilde{w}$ | 流速 | m/h |
| $q$ | 热流量 | kJ/h |
| $\eta$ | 热效率 | % |
| $d$ | 管道直径 | m |
| $p_d$ | 气体动压 | Pa |
| $p_0$ | 气体静压 | Pa |
| $p$ | 大气压 | Pa |
| $\rho$ | 气体密度 | $kg/m^3$ |

| | | |
|---|---|---|
| $\mu$ | 皮脱系数 | kJ/h |
| $G$ | 产量 | t/h |
| $B$ | 能耗 | t/h |
| $b$ | 燃料消耗 | kg/h |
| $h_q$ | 水的气化潜热 | kJ/kg |
| $\Delta H$ | 反应热 | kJ/kg |
| $Q_{Dw}^{y}$ | 固体燃料的低位发热量 | kJ/kg |
| $Q_{Dw}^{s}$ | 气体燃料的低位发热量 | kJ/kg |
| $S$ | 有效面积 | $m^2$ |
| $K$ | 利用系数 | $t/(m^2 \cdot d)$ |
| $L$ | 长度 | m |
| $H$ | 厚度 | m |
| $\varphi$ | 体积分数 | % |
| $w$ | 质量分数 | |
| $M$ | 摩尔质量 | kg/mol |
| $V_{mol}$ | 标准摩尔体积 | $L/m^3$ |
| $L_0$ | 理论空气需要量 | $m^3/kg$ |
| $L_n$ | 实际空气需要量 | $m^3/kg$ |
| $m_i$ | 料球中成分质量 | kg |
| $c_{pi}$ | 料球中成分比热容 | kJ/(kg · ℃) |
| $T_e$ | 环境温度 | K |
| $n_{FeO}$ | 参加反应的 FeO 摩尔量 | mol |
| $\gamma$ | 水的气化潜热 | kJ/kg |
| $\varphi$ | 辐射角系数 | |

下标

| | |
|---|---|
| L | 链算机 |
| H | 回转窑 |
| h | 环冷机 |
| q | 球团 |

# 目　录

# 1 概　述

链箅机-回转窑-环冷机球团法是目前世界上铁矿氧化球团三种主要生产方法之一，它的发展历史虽短，但因其突出的优点受到世界各国的高度重视。近十年该技术在我国钢铁生产行业备受关注，技术水平和装备水平不断提高，生产规模发展迅速。与带式焙烧等其他几种铁矿氧化球团生产工艺技术的发展一样，链箅机-回转窑-环冷机球团法并不是一种孤立的铁矿氧化球团生产技术，它也是随着世界科学技术的进步以及钢铁生产技术水平的不断提高而发展起来的。本章主要介绍铁矿氧化球团生产工艺技术的发展历史、链箅机-回转窑-环冷机铁矿氧化球团生产方法的发展背景、发展过程和中国球团矿生产技术装备的发展状况，并展望其未来的发展前景。

## 1.1 世界铁矿氧化球团发展简史

早在1911年瑞典人A. G. 安德松（Andersson）就开始对铁矿氧化球团进行研究，并获得成功，他提出的铁矿氧化球团生产方法是把铁矿粉、黏结剂等原料按照一定的比例混合搅拌均匀，再把混合搅拌均匀的物料装到圆形筒内滚动制成生球，然后将生球进行干燥、加热，最后经过进一步的高温焙烧获得铁矿氧化球团。A. G. 安德松就该铁矿氧化球团生产技术于1912年和1913年分别申请并取得了瑞典专利权和法国专利权。尽管A. G. 安德松的发明具有重大意义，但鉴于当时国际钢铁工业的整个生产工艺技术和装备条件，该项专利技术没有得到及时的实施利用而变为生产力。后来，德国人C. A. 布莱克斯贝尔格（Bleckelsberg）也发明了一种与A. G. 安德松类似的铁矿氧化球团生产方法，其生产方法是将铁矿粉与硅酸钠混合均匀，再将混合料造成球团，然后采用加热的方式使球团充分固结。1930年C. A. 布莱克斯贝尔格曾在德国莱茵豪森建造了一座铁矿氧化球团生产实验工厂，但是由于生产出的球团矿产品在当时缺乏竞争力，实验厂只好关闭。该方法于1933年取得了美国的专利权。就在同一时期，美国矿业局的巴雷特（Barrett）和迪安（Dean）也提出了一种铁矿氧化球团的生产方法，该方法是在不加其他添加剂的情况下，将铁矿粉在圆筒内造球，然后将造出的生球在500℃到矿石软化点之间这一温度范围条件下进行焙烧，以提高球团的强度等性能。这一方法取得了美国专利权。

直到第二次世界大战以后，铁矿氧化球团才投入规模化生产并取得快速发展。20 世纪 40 年代，美国富铁矿资源已近枯竭，麦萨比地区拥有储量巨大的铁燧岩型贫磁铁矿。这种铁燧岩平均铁含量在 35% 左右，磁铁矿呈细粒嵌布。这种矿石需破碎并且磨到小于 0.043mm（325 目）的颗粒占 65% 乃至 90% 以上，再经过选矿才能获得精矿粉，然而，用以往的烧结法很难处理这样的细粒矿粉，从而球团法作为谋求利用低品位铁燧岩的一种手段，开始在美国发展起来。美国明尼苏达大学 E. W. 戴维斯（Davis）博士率先主持进行了铁燧岩细粒精矿球团法的研究工作，他们提出了圆筒造球和竖炉焙烧的铁矿球团生产工艺。1940 年，该方法在矿山实验厂试验成功。时隔六年后的 1946 年，在美国阿希兰竖炉球团厂试验成功。1948 年，在美国伊利矿山公司建成年产 30 万吨的竖炉球团实验工厂。

1951 ~ 1952 年，美国麦奇公司（Arthur G. McKee & Company）和爱立斯·恰默斯公司（Allis- Chalmers Corporation，以下简称 A- C 公司）在带式烧结机的基础上提出了带式焙烧机生产铁矿氧化球团的生产工艺，并于 1953 年进行了生产能力为 1000 吨/日的带式焙烧机试验。德国鲁奇公司（Lurgi Gesellschaft Fuer Chemie und Huettenwesen）也进行了带式焙烧机球团生产的研制试验。美国里塞夫矿山公司于 1955 年 10 月建成了世界上第一座带式焙烧机球团厂，这是世界上第一座工业性铁矿氧化球团生产厂。同一时期，美国、加拿大、瑞典等国也相继建成了世界上第一批工业性竖炉铁矿氧化球团生产厂。这便是世界上铁矿氧化球团大规模工业生产的开端。

1960 年 7 月，美国 A-C 公司设计建造了世界上第一座链算机-回转窑铁矿氧化球团生产厂，并顺利在美国投入生产运行。1966 年，瑞典格兰耶斯公司研究成功了以水泥为黏结剂的冷固结球团法，1970 年，该公司建成世界上第一座格兰耶斯法冷固结球团厂。1974 年，麦奇公司设计制造了一套带式焙烧机在墨西哥佩拉球团厂投入运转。

在 20 世纪 50 年代，铁矿氧化球团的生产技术只有带式焙烧机法和竖炉法，到了 60 年代，出现了链算机-回转窑球团法，并且这三种方法都有了较大的发展。进入 70 年代，由于产能小、球团质量差等原因，竖炉法生产技术渐趋衰落，一些竖炉球团厂相继关闭。但是带式焙烧机法与链算机-回转窑法却发展更加迅速。表 1-1 为近年世界各国铁矿石和球团矿产量（Mt）。从表 1-1 可以看出，世界各国铁矿石的产量在逐年增加，铁矿氧化球团的产量随着矿石产量的增加也在增长。

## 1.2 链算机-回转窑法发展历程

链算机-回转窑法最早是由德国人 O. 立列普（Lellep）提出的，并取得专利

**表 1-1 近年世界各国铁矿石和球团矿产量**

（Mt）

| 铁矿石产量 | | | | | | 球团矿产量 | | | | |
|---|---|---|---|---|---|---|---|---|---|---|
| 国别 | 2002 年 | 2003 年 | 2004 年 | 2005 年 | 2006 年 | 国家或地区 | 2003 年 | 2004 年 | 2005 年 | 2006 年 |
| 瑞典 | 20.3 | 21.5 | 22.3 | 23.3 | 23.3 | 瑞典 | 15.3 | 15.9 | 16.5 | 17.6 |
| 欧洲（不含独联体） | 24.4 | 25.3 | 26.2 | 30.1 | 30.7 | 荷兰 | 4.4 | 4.4 | 4.4 | 4.4 |
| 哈萨克斯坦 | 15.4 | 17.3 | 18.7 | 16.5 | 18.6 | 其他欧洲国家 | 1.1 | 1.1 | 1.1 | 1.169 |
| 俄罗斯 | 84.2 | 91.8 | 97 | 96.8 | 103.9 | 欧洲总计 | 20.8 | 21.4 | 22 | 23.17 |
| 乌克兰 | 58.9 | 62.5 | 65.6 | 68.6 | 73.1 | 独联体 | 56.6 | 60.25 | 60.17 | 62.13 |
| 独联体 | 158.6 | 171.6 | 181.3 | 181.8 | 195.6 | 加拿大 | 25.56 | 22.97 | 25.81 | 27.35 |
| 欧洲总计 | 182.9 | 196.9 | 207.5 | 211.9 | 226.3 | 美国 | 48.5 | 55.45 | 55.3 | 53.63 |
| 加拿大 | 30.9 | 33.3 | 28.6 | 30.1 | 34.1 | 墨西哥 | 9.1 | 9.1 | 9.1 | 9.33 |
| 美国 | 51.5 | 48.5 | 54.7 | 54.3 | 52.9 | 北美总计 | 83.16 | 87.53 | 90.21 | 90.31 |
| 巴西 | 225.1 | 245.6 | 270.5 | 292.4 | 318.6 | 巴西 | 45.27 | 50.36 | 52.03 | 50.8 |
| 委内瑞拉 | 20.9 | 19.2 | 20 | 21.2 | 22.1 | 智利 | 4.528 | 4.598 | 4.397 | 4.397 |
| 美洲总计 | 350.4 | 371.3 | 400.2 | 425.2 | 454.8 | 秘鲁 | 3.485 | 3.5 | 2.829 | 3.5 |
| 毛里塔尼亚 | 9.6 | 10.1 | 10.7 | 10.7 | 11.1 | 委内瑞拉 | 8.3 | 6.8 | 6.2 | 8.7 |
| 南非 | 36.5 | 38.1 | 39.3 | 39.5 | 41.1 | 南美总计 | 61.59 | 65.26 | 65.49 | 67.4 |
| 突尼斯 | 0.2 | 0.2 | 0.3 | 0.2 | 0.2 | 伊朗 | 7.5 | 7.5 | 7.5 | 9.9 |
| 非洲 | 51.8 | 53.3 | 54.3 | 55.3 | 57.1 | 巴林 | 3.7 | 3.7 | 4 | 4 |
| 印度 | 86.4 | 99.1 | 120.6 | 145.5 | 165 | 中东总计 | 11.2 | 11.2 | 11.8 | 15.4 |
| 亚洲（不含中国） | 103 | 116.4 | 139.7 | 167.9 | 190.6 | 印度 | 11.3 | 11.5 | 12.5 | 13 |
| 中国 | 108.8 | 122.7 | 145.7 | 200.3 | 276.4 | 日本 | 4 | 4.1 | 4.1 | 4.1 |
| 亚洲总计 | 211.8 | 239.1 | 285.5 | 368.2 | 467 | 中国 | 33 | 35 | 40 | 45 |
| 澳大利亚 | 187.2 | 212 | 234.7 | 257.5 | 275.1 | 澳大利亚 | 3.8 | 3.8 | 3.8 | 2 |
| 大洋洲总计 | 188.9 | 213.9 | 237 | 259.8 | 277.3 | 亚太总计 | 52.1 | 54.4 | 60.4 | 64.1 |
| 世界总计 | 985.9 | 1074.5 | 1184.4 | 1320.4 | 1482.6 | 世界总计 | 285.4 | 300 | 310.6 | 322.7 |

权。这种球团生产方法系采用链箅机（一种带式干燥预热机）、回转窑和冷却机联合组成的机组进行制粒物料的干燥、预热、焙烧固结和冷却。当初研制这种机组的目的主要是为了降低水泥焙烧生产的耗热量，首先提出了将回转窑的尾气一次通过链箅机上的球团料层，利用该部分尾气的余热对料层进行预热，实施结果节能效果显著，其水泥焙烧耗热量比普通水泥窑降低了65%，窑长比相同能力的普通回转窑缩短约一半。

世界上第一座链箅机、回转窑和冷却机组成的水泥生产机组于1927年建成，并在后续的生产实践中做了不断改进。O. 立列普在1949年又提出了回转窑尾气二次通过链箅机上料层的结构方案。1952年在德国建造了一套这种新式水泥回转窑。水泥焙烧耗热量又大幅度降低了约15%，并且减少了排放废气中的含尘量，具有显著的节能减排效果。20世纪50年代以来，这种工艺在水泥工业和耐火材料工业中得到了大力推广应用。

链箅机-回转窑法在水泥工业中取得的效果引起了铁矿氧化球团生产行业的关注。1956年，美国A-C公司在威斯康星州卡洛维尔建造了一座试验厂，装备有一套水泥生产示范用的链箅机-回转窑，该公司利用这套设备进行了铁燧岩磁铁精矿的球团生产试验研究，取得了成功。于是，链箅机-回转窑球团法作为一种新的铁矿氧化球团工艺问世。

1957年，A-C公司又用克利夫兰·克里夫斯钢铁公司和汉纳矿业公司的镜赤铁矿浮选精矿进行铁矿氧化球团试验并获得成功。1958年，A-C公司新建一座链箅机-回转窑铁矿氧化球团生产试验工厂。1960年，A-C公司为克利夫兰·克里夫斯公司在马科特矿区设计建成投产了世界第一座工业性链箅机-回转窑法铁矿氧化球团厂——亨博尔特球团厂。

链箅机-回转窑铁矿氧化球团法的实验研究虽然比竖炉法、带式焙烧机法晚开始十多年，工业性应用晚了五六十年，但是，自从第一座链箅机-回转窑球团厂问世以来，尤其是在20世纪70年代里，这种球团生产方法，无论是在生产能力、工厂规模，还是在设备规格、工艺技术、产品质量、能源消耗、污染排放等方面，都有了相当大的发展。

## 1.3 中国球团技术的发展概况

中国铁矿氧化球团的发展始于1958年。当时中国的钢铁生产无论从规模还是从技术装备方面都比较落后，铁矿氧化球团生产也不例外，当时采用小型竖炉（半工业试验）进行了球团矿的生产试验并获得成功。1959年5月，鞍山钢铁公司采用隧道窑装置进行球团矿的生产也获得了成功。1968年以后，中国各钢铁厂陆续建立了20多座竖炉氧化球团生产装置，20世纪60~80年代都因其作业率低，球团矿产量低、产品质量差等问题，生产处于徘徊状态。直到20世纪80年代初导风墙和烘干技术的发明和应用，使中国竖炉球团技术又得到了一定的发展。

20世纪70年代包头钢铁公司从日本引进了162$m^2$带式焙烧机生产装置，由于原料含氟及其他原因，经过相当长时间的工艺调整、技术改造才达到设计产能。到了80年代末鞍山钢铁公司从澳大利亚引进了322$m^2$带式焙烧机，同样由于各种原因也经历了几年时间的技术消化和设备改造才达到设计指标。同年代承德钢铁厂链箅机-回转炉生产装置建成投产，初期结圈问题比较严重，整个生产线无法正常运行，也经过几年的不断研究改进才达到预期目标。总之，经过20世纪近二十年的技术引进、消化提高和集成创新，中国铁矿氧化球团生产的三种生产工艺在经历了相当长一段时间的完善过程，都得到了较大的发展。

20世纪90年代以来包头钢铁公司、鞍山钢铁公司的带式焙烧机球团生产量均已达到设计指标，设备和生产流程顺畅，为企业的发展发挥了巨大作用。承德钢铁厂链箅机-回转炉球团厂生产情况良好，设备运转基本正常，该生产线的氧化球团年产量达到38万吨，超过原设计能力的一倍。在这一阶段，竖炉球团的生产技术和装备也有了较大的发展，产量得到提升，产品质量得到改善。例如：杭州钢铁厂、济南钢铁公司竖炉球团的生产技术经济指标均相当好。但到目前为止，国内钢铁企业还有相当数量的厂家仍不同程度存在产量低、质量差，膨润土配比高等问题。尽管如此，对中国高炉生产的发展仍起到了相当大的作用。

随着宝山钢铁公司引进先进的日本技术和大量采用澳大利亚铁矿等进口粉矿资源，中国高炉炼铁生产逐步转向宝钢模式。炉料结构仍以烧结矿为主（80%），辅之以酸性球团矿和块矿（20%）。为了解决酸性炉料的来源，中国氧化球团矿的生产虽然也有所发展，但主要是古老和落后的竖炉球团，用于中、小高炉的炼铁生产。近年来，由于钢铁生产规模的迅速扩大，生产技术水平的不断提高，环境保护的限制越来越严，对高炉炉料性能的要求也就越来越高。为了改善高炉炉料结构、实施精料策略，充分发挥球团矿优越的冶金性能，改善高炉炼铁生产的技术经济指标，同时为了减少进口铁矿粉和更好地利用国内产量丰富的细磨铁精矿资源，链箅机-回转窑球团法生产有了较大的发展，球团矿产量也有了大幅度的增加。为进一步降低生铁成本、节约能源和减少钢铁生产对环境的影响，增加球团矿的用量，改进炉料结构、实行精料操作，已越来越为炼铁工作者所接受，实践效果十分明显。

进入21世纪以来，随着钢铁工业的快速发展，中国烧结球团行业也随之快速发展，无论是在烧结球团矿产量、质量，还是在工艺和技术设备等方面都取得了长足的进步，机械化程度高，自动化水平也大大提高。

（1）产量高速增长。2000～2008年间，中国生铁产量从1.31亿吨增加至4.67亿吨，净增3.36亿吨，年增长率为17.6%；烧结矿产量从1.68亿吨增加至5.55亿吨，净增3.87亿吨，年增长率16.2%；球团矿产量从1427万吨增加至1.01亿吨，净增8637万吨，年增长率28.2%。

（2）设备大型化。中国烧结矿不仅在数量上增长迅猛，在技术装备水平上也有一个大飞跃。2000~2008年重点企业的烧结机结构对比如表1-2所示。

1985年，宝钢从日本引进的450m² 烧结机投产，显示了诸多的优势，烧结矿质量好、能耗低，劳动生产率和自动化水平高，便于生产管理和环境保护，技术经济指标达到了国际先进水平。1985~2008年的23年间，中国新建和改造了一大批大型烧结机，截至目前中国已投产的烧结机中，有47台300~495m² 大型烧结机，面积达17770m²，平均单机面积378m²，如表1-3所示，其中2000年以后共增加了22台。

**表1-2 2000~2008年重点企业烧结机结构对比** （台）

| 年 份 | 2000 | 2001 | 2002 | 2003 | 2004 | 2005 | 2006 | 2007 | 2008 |
|---|---|---|---|---|---|---|---|---|---|
| 130m² 及以上 | 33 | 35 | 38 | 45 | 61 | 79 | 98 | 125 | 145 |
| 90~129m² | 28 | 37 | 40 | 43 | 56 | 63 | 77 | 81 | 88 |
| 36~89m² | 64 | 68 | 68 | 75 | 88 | 119 | 141 | 153 | 157 |
| 19~35m² | 95 | 87 | 100 | 102 | 104 | 104 | 96 | 62 | 50 |
| 18m² 以下 | 2 | 6 | 7 | 7 | 9 | 4 | 2 | 0 | 0 |
| 总 计 | 222 | 233 | 253 | 272 | 318 | 369 | 414 | 421 | 440 |

数据来源：中国钢铁统计。

**表1-3 中国已投产的大于300m² 烧结机**

| 企业名称 | 台 数 | 总面积/m² | 企业名称 | 台 数 | 总面积/m² |
|---|---|---|---|---|---|
| 宝钢 | 3 | 1485 | 安钢 | 2 | 760 |
| 鞍钢 | 6 | 2185 | 天钢 | 1 | 360 |
| 武钢 | 4 | 1665 | 承钢 | 2 | 720 |
| 首刚 | 2 | 910 | 南钢 | 1 | 360 |
| 太钢 | 1 | 450 | 湘钢 | 1 | 360 |
| 邯钢 | 3 | 1120 | 济钢 | 1 | 320 |
| 马钢 | 4 | 1320 | 宣钢 | 1 | 360 |
| 沙钢 | 5 | 1800 | 北台 | 2 | 660 |
| 本钢 | 1 | 360 | 新余 | 1 | 360 |
| 宁波 | 1 | 435 | 柳钢 | 1 | 360 |
| 天铁 | 1 | 400 | 昆钢 | 1 | 300 |
| 韶钢 | 2 | 720 | 总计 | 47 | 17770 |

2008年全国共有竖炉123座，生产能力5609万吨；带式焙烧机2台，生产能力350万吨；链箅机–回转窑–环冷机59条，生产能力7380万吨；球团矿总生产能力13339万吨。继首钢开发成功链箅机–回转窑–环冷机采用煤粉作燃料之后，链箅机-回转窑-环冷机球团发展较快，年生产能力不小于120万吨有35条生产线，总生产能力6190万吨；而其中年生产能力不小于200万吨有16条生产线，总生产能力3870万吨，详情见表1-4。链箅机-回转窑所占装备产能比例超过竖炉产能比例，有利于球团矿质量的稳定和提高。

**表1-4 2008年钢铁行业重点大中型企业球团装备情况**

| 序号 | 装备水平 | 数量/台 | 台数百分比/% | 能力/万吨 | 能力百分比/% |
|---|---|---|---|---|---|
| 1 | 竖炉 | 123 | 66.85 | 5609 | 42.05 |
| 2 | 链箅机-回转窑 | 59 | 32.06 | 7380 | 55.33 |
| 3 | 带式焙烧机 | 2 | 1.09 | 350 | 2.62 |
| 4 | 总计 | 184 | 100 | 13339 | 100 |

（3）烧结技术经济指标改善。2000～2008年中国大中型企业烧结主要技术指标如表1-5所示。从表中可以看出，中国烧结日历作业率和从业人员劳动生产率逐年稳步提升，烧结矿强度和合格率越来越高，固体燃料消耗和工序能耗逐年下降，利用系数和碱度趋于稳定，这说明中国烧结矿的质量变好，而能耗指标逐年下降。为更好地获得成本低和高质量的球团矿，以国内盛产的铁精矿作原料和尽可能使用煤或价格低的煤气作燃料是一项可行的方法。另外生产优质球团矿的方法是采用先进可靠的球团矿生产工艺和技术装备。

**表1-5 中国大中型企业烧结主要技术经济指标**

| 年 份 | 2000 | 2001 | 2002 | 2003 | 2004 | 2005 | 2006 | 2007 | 2008 |
|---|---|---|---|---|---|---|---|---|---|
| 利用系数/$t\cdot(m^2\cdot h)^{-1}$ | 1.44 | 1.47 | 1.48 | 1.48 | 1.46 | 1.48 | 1.43 | 1.42 | 1.36 |
| 烧结矿品位/% | 55.7 | 56 | 56.6 | 56.9 | 56 | 55.86 | 55.85 | 55.7 | 55.4 |
| 合格率/% | 89.7 | 90.3 | 91.3 | 91.83 | 91.39 | 92.57 | 93.5 | 94.3 | 93.9 |
| 日历作业率/% | 85.6 | 86.4 | 89.4 | 88.6 | 88.94 | 90.58 | 89.92 | 90.3 | 89.8 |
| 劳动生产率/t·(人·a)$^{-1}$ | 3754 | 3847 | 4634 | 4694 | 4707 | 5430 | 6034 | 6792 | 7211 |
| 固体燃料消耗/kg·$t^{-1}$ |  | 59 | 57 | 55 | 54 | 53.15 | 54 | 54 | 53 |
| 转鼓强度/% |  | 71.6 | 83.7 | 71.83 | 73.24 | 83.78 | 75.75 | 76 | 76.6 |
| 碱度/倍 |  | 1.76 | 1.83 | 1.94 | 1.93 | 1.94 | 1.95 | 1.88 | 1.88 |
| 工序能耗/kg（标准燃料）·$t^{-1}$ | 68.7 | 68.7 | 67.8 | 66.42 | 66.38 | 64.83 | 55.61 | 55.2 | 55.5 |
| 含铁原料消耗/kg·$t^{-1}$ | 923 | 905 | 933 | 934.3 | 932.5 | 916.4 | 929.9 | 932 |  |

注：1. 数据来源于中国钢铁统计。

2. 2006年后工序能耗电力折标系数按0.1229kg（标准燃料）/(kW·h）计算。

## 1.4 球团技术的发展趋势

中国为适应钢铁工业规模和炼铁技术不断发展的需要，必须重视现代化氧化球团工业生产建设，坚持技术上的高起点，向世界先进水平看齐，在球团厂建设中，应采用先进的生产工艺和高效、大型化的球团生产设备。中国铁矿原料供应来源参差不齐、矿粉成分复杂多变，质量稳定性差，加之焙烧球团的热源目前主要依靠煤炭，由于资源短缺和价格因素等原因高热值的燃气和燃油的应用相对困难，因此，采用链箅机-回转窑这类大型氧化球团生产设备，无疑更能满足和达到球团生产要求。此外，采用链箅机-回转窑和带式焙烧机工艺应尽可能多地采用新技术和新设备，坚持发展单机（窑）的大型化，是中国今后改善球团矿生产总体质量和改进一系列技术经济指标，包括作业率、投资和提高劳动生产率的最基本、最有效的措施：

（1）淘汰落后产能，装备大型化已成趋势。《钢铁产业发展政策》规定烧结机准入条件：新建烧结机使用面积不小于180$m^2$。随着设计和制造水平的不断提高，中国烧结机装备向大型化发展，装备水平将不断得到提高，烧结机最大面积突破500$m^2$。如首都钢铁集团公司京唐公司装备有500$m^2$的烧结机，太原钢铁集团股份公司装备的600$m^2$烧结机是中国目前最大的烧结机。《国家钢铁产业政策》和《钢铁产业调整和振兴规划》要求加速淘汰30$m^2$以下烧结机，并逐步提高淘汰标准。因此，中国烧结装备以大代小，以先进淘汰落后成必然趋势。

（2）发展循环经济，推进节能减排。烧结球团节能主要着眼于降低固体燃料消耗、电耗、点火能耗和废烟气的余热回收。采用新型高效除尘设备，如布袋加电除尘和新型电除尘器等、废气循环利用（EOS技术）、烟气脱硫脱硝新技术，减少烧结和球团生产粉尘、$SO_2$、$NO_x$等污染物排放，建设清洁生产的烧结球团厂，提高烧结和球团工艺的市场生存力和竞争力，烟气脱硫、脱硝和烟气余热回收的技术创新和设备开发是重中之重。

（3）开发低成本烧结球团技术。研发低成本配矿技术，充分应用现有资源，做到高效利用和最合理配比，同时实现计算机精准配料；开发高品位低$SiO_2$的烧结技术；降低球团膨润土的添加量；烧结球团人工智能控制系统，实现过程精准控制和最优化。

（4）加大技术改造，推动技术进步。采用优化配矿，强化混均制粒、小球烧结（包括强化制粒、燃料分加、偏析布料等）、厚料层操作、烧结配加生石灰、低温均质烧结技术、配加褐铁矿烧结技术；烧结和球团用添加剂的研发及应用技术；烧结机头（机尾）电除尘技术、热风烧结技术、全自动控制等。

# 2 链箅机-回转窑-环冷机系统工艺及设备

铁矿氧化球团是20世纪早期开发的一种细粒铁精矿的造块方法，它是富铁矿日益枯竭、贫铁矿资源大量开发利用的结果。随着现代高炉炼铁对铁精矿提出的苛刻要求，以及钢铁冶金短流程的兴起，球团矿在钢铁工业生产中的作用愈加重要，已成为一种不可或缺的优质冶金炉料。中国球团生产企业发展在相当长时期内一直处于“数量少、规模小、水平低，小而散”的生产状态，所生产的球团矿品位低、冶金性能差、质量不稳定，无法满足大高炉的生产需要。随着中国炼铁工业逐渐形成的以高碱度烧结矿合理配用酸性球团矿为主要形式的高炉炉料结构的确立，尤其是现代炼铁工艺对原料的苛刻要求，促使球团矿成为高炉炉料的重要组成部分。

链箅机-回转窑-环冷机球团法是一种联合机组生产球团矿的方法。它的主要特点是生球的干燥预热、预热球的焙烧固结、焙烧球的冷却分别在链箅机、回转窑、环冷机三个不同的热工设备中进行。作为生球脱水干燥和预热氧化的热工设备——链箅机，它是将生球布在慢速运行的箅板上，利用环冷机余热及回转窑排出的热气流对生球进行鼓风干燥、预热氧化，脱除吸附水或结晶水，并达到足够的抗压强度（300~500N/个）后直接送入回转窑进行焙烧。由于回转窑焙烧温度高，且沿轴向回转，所以加热温度均匀，不受矿石种类的限制，并且可以得到质量稳定的球团。从回转窑排出的球团经过窑头固定筛将大块筛除后，通过环冷机受料斗均匀布在环冷机台车上进行冷却，同时球团中剩余的FeO得到进一步氧化，最终得到产品球团矿。链箅机-回转窑-环冷机工艺流程图如图2-1所示。

## 2.1 链箅机系统的工艺及设备

链箅机是链回环系统的三大主要设备之一，是一种在高温环境下工作的热工设备，为此主要零部件采用耐热合金钢制造，预热段及抽风干燥二段上托辊轴、传动主轴及铲料板支撑梁采用通水冷却措施，以延长使用寿命。头部卸料采用铲料装置和一套排灰设施。球团在其中完成的热过程是：含铁生料球以一定厚度均匀布置在慢速移动的箅板上，将环冷机冷却球团矿的热风以及回转窑排出的热废气从链箅机的不同部位引入，对生料球依次进行干燥脱水、预热升温、氧化固结，而后直接送入回转窑进行焙烧。链箅机上的粉料由灰斗收集并再次利用。

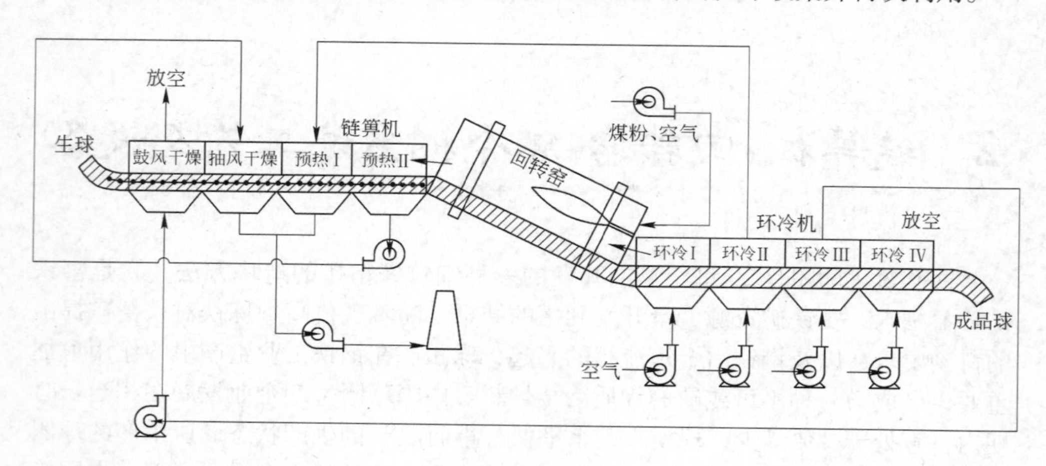


图 2-1 链箅机-回转窑-环冷机工艺流程

### 2.1.1 链箅机工艺流程

链箅机的工艺流程是由铁精矿、黏结剂、添加剂和水等按照一定的比例进行配料，经过混合形成均匀的混合料，再将混合料送入造球盘中制成的含铁生球。从造球机出来的生球首先经过球筛进行筛分，将其中分离出的碎料送回原料系统再利用，粒度均匀的生球经宽皮带送到布料辊筛上，对链箅机进行布料。来自预热段的回热气流和来自环冷机二段的余热气流同时供给链箅机干燥一段和二段。生球干燥后进入预热段，在预热段球团遇到来自回转窑内的高温气流，球团矿被逐渐加热，并开始快速氧化。预热段结束时球团矿温度接近1000℃左右，此时抗压强度达到750N/个左右，同时有70%的FeO被氧化，FeO含量从生球的28.35%左右降到3.49%左右，此时球团矿称为“干球”。鼓风干燥段的风箱温度为200~250℃，抽风干燥段的烟罩温度为300~400℃，预热段的烟罩温度为900~1000℃。链箅机的工艺流程示意图如图2-2所示。

### 2.1.2 链箅机主要设备及结构特点

链箅机主要由运行装置、上部炉罩、骨架、风箱、灰箱、铲料板、下回程密封装置、润滑和水冷等系统组成，见图2-3。

#### 2.1.2.1 运行部分

该部分由传动装置、主轴装配、箅床装置、上托轴、下托轴、尾轴、中部密

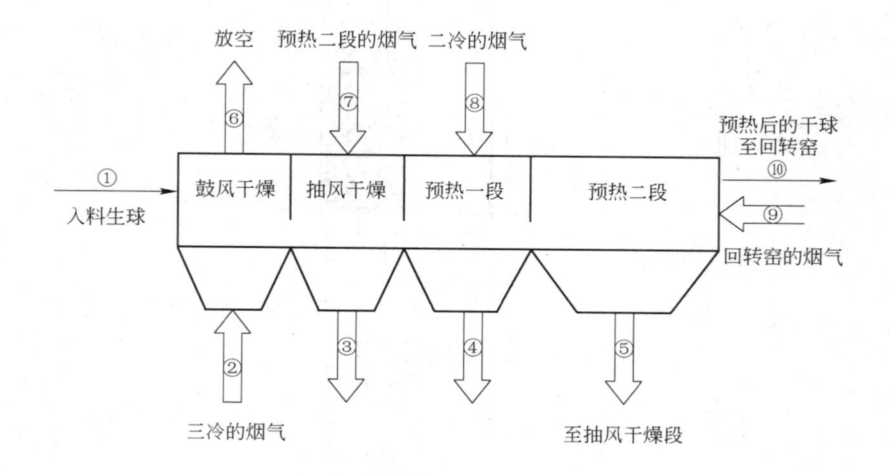


图 2-2 链箅机工艺流程简图

封装置、滑轨、支梁和张紧装置等组成。

（1）传动装置为柔性传动。主轴为通水式，轴上装有链轮，两侧有托住链箅装置侧板的托轮。轴承采用调心辊子轴承，该轴承座设计成水冷式。主轴用于驱动箅床装置走行，装配时需保证主轴上链轮轮齿齿形同步。齿板材料为耐热钢，齿表面经淬火处理。齿板的齿形采用数控机床加工，以确保其的互换性，齿板经粗加工后要求进行超声波探伤，以检查其是否符合标准 GB/T 1786–1990 Ⅱ级。

（2）箅床装置由链节、箅板装置、侧板、定距管和护套组成，其中箅板装置采用定型产品，箅板、侧板和链节均采用耐热合金钢精密铸造，链节经过固溶处理。

（3）上托轮装置用于支承上箅床，按材质分为耐热钢与普通钢，有通水与不通水两种形式。在预热段与调温预热段一般采用通水轴及耐热钢的上托轮，其他段主要用普通铸钢上托轮及不通水的轴，要求制造和组装后上托轮转动灵活，无卡组现象。其特点是：1）上托轮轴采用焊接结构，经调质处理；2）上托轮采用分体结构，每组设置 6 组上托轮，边轮、链轮和光轮各 2 个；3）轴承座的材质为灰铸铁，内部装有滚动轴承。

下托轮装置用于支承下箅床和改向。每组由下托轴、2 组轴承座、6 组下托轮等组成。下托轮轴采用 45 号钢调质处理；下托轮采用分体结构。每组设置 6 个下托轮，均为光轮，轴承座内部装有滚动轴承。

（4）滑轨装置用于与箅床装置中的侧板组成侧部密封，由若干个滑轨组成。滑轨在不同的工艺段采用不同的材质。尾轴装置用于箅床装置的尾部改向，由尾

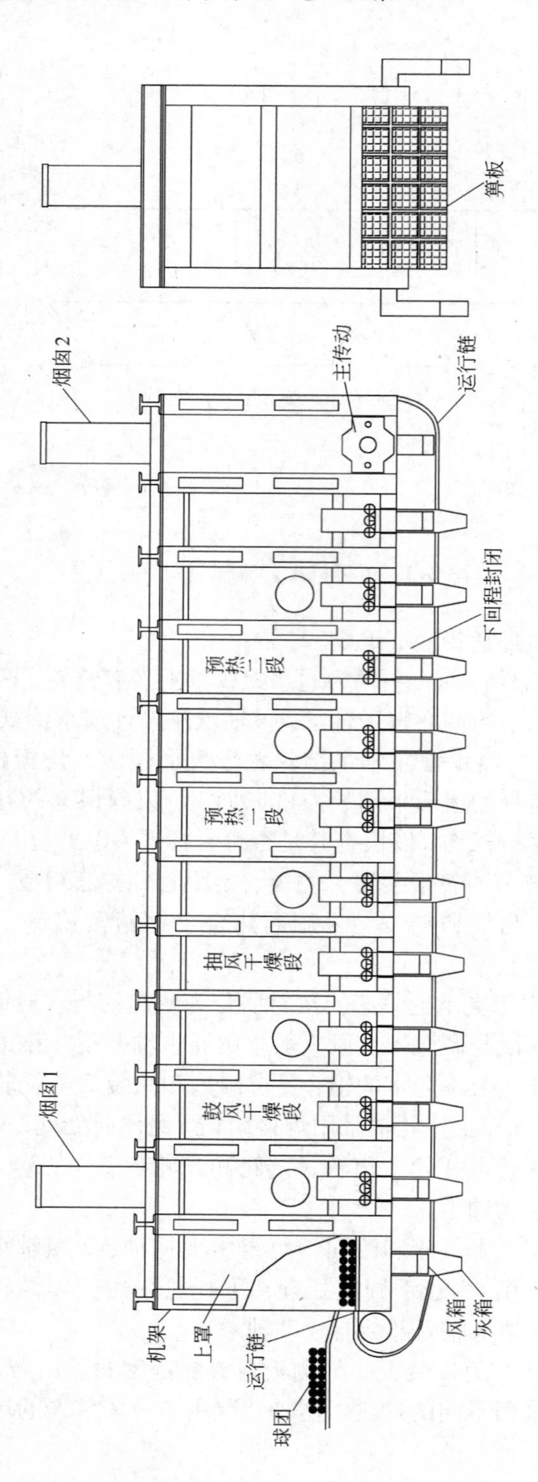
算板
烟囱2
主传动
运行链
下回程封闭
预热二段
预热一段
抽风干燥段
烟囱1
鼓风干燥段
机架
上罩
运行链
球团
风箱
灰箱

图 2-3 链算机结构图

轴、尾部链轮和轴承座组成。尾轴采用45号钢调质处理；尾部链轮采用分体结构，设置6个链轮，齿面要求淬火处理；轴承座内部装有滚动轴承。

中部密封侧板装置用于链箅机中部密封，有5种规格，分别为头部1种、中部3种和尾部1种。这几种装置结构形式相同，长度不同，主要由中部密封侧板、中部压板和检查孔盖组成。中部支梁用于支承中部侧板，为型钢焊接结构。支撑梁冷却装置主要是对调温预热和预热段的侧密封座支撑梁进行水冷，该冷却装置一般采用不锈钢。挡轮用于防止箅床装置在回程段的跑偏，其支架和套均为普通和型钢焊接结构。

尾轮及拉紧装置主要由托轮、轴、链轮和轴承座所组成，材质为普碳钢，组装完后要求转动灵活，无卡阻现象。

#### 2.1.2.2 上部炉罩

上部炉罩是由普通钢板和型钢焊接成的焊接件，其中托架部分采用耐热球墨铸铁。

#### 2.1.2.3 铲料板

铲料板系统由铲料板、铲料板支座和水冷梁几部分组成。铲料板为耐热合金铸件，经固溶处理；支座为耐热球墨铸铁。

#### 2.1.2.4 链箅机骨架

骨架中的H型钢主要采用热轧H型钢，另有部分焊接H型钢。热轧H型钢应按GB/T 11263—1998标准进行检验，焊接H型钢按YB3301—92标准制造与检验。所有立柱底板、顶板均须加工，立柱高度、牛腿柱高度统一取负偏差，凡等高的柱及等长的梁要求一起下料加工。骨架固定侧密封座的横梁在不同的工艺段采用不同的结构形式，分为通水与不通水，材质为耐热钢与普碳钢，在预热段与调温预热段采用通水，材质为耐热钢横梁，在制造后要求进行0.5MPa水压实验，不得渗漏，同时在焊后要求进行固溶化处理；而在其他段横梁为普碳钢，在焊后要求进行退火处理。出厂前，按头部骨架、中部骨架、尾部骨架分段进行预装。链箅机的段与段之间采用密封，密封为焊接件，在预热段、调温预热段密封采用耐热钢制造，在其他段密封采用普碳钢，所有的密封均固定在链箅机侧的密封座上。

#### 2.1.2.5 风箱

风箱主要由普碳钢和型钢焊接而成，只是在预热段与调温预热段之间的隔断密封采用耐热钢板，风箱法兰面必须进行机加工。

风箱属制造要求较高的焊接结构件，焊缝需做煤油试验，不得有泄漏现象。其上部设有密封装置，风箱各出风口端部装有高温耐磨电动控制蝶阀。风箱依据链箅机的工作制度分成相应的若干段，各段均设计成内部通廊形式，在段与段之间采用隔断式密封分隔，且各隔断密封上设置有便于检修用的可拆密封门，在风箱内部设置检修走台，走台的形式为钢格板，相同的部件应具有互换性。

#### 2.1.2.6 灰箱

灰箱为普通钢板和型钢焊接结构，一种为单排灰斗，下部接溜槽；另一种为双排灰斗，下部接皮带机。

#### 2.1.2.7 其他

下回程封闭为普通钢板焊接的结构件，水冷系统由回水斗和管路系统组成，其进水压力为0.4MPa，无压回水。干油润滑系统由给脂泵、分配器、管路系统和控制系统组成。

### 2.1.3 链箅机工艺类型及选择

#### 2.1.3.1 链箅机干燥预热工艺类型

链箅机-回转窑法的生球在链箅机上利用从回转窑出来的热废气进行鼓风干燥、抽风干燥、预热。其干燥预热工艺可按链箅机炉罩分段和风箱分室分类。

按链箅机炉罩分段可分为：二段式，即将链箅机分为两段，一段干燥和一段预热；三段式，即将链箅机分为三段，两段干燥（第一段又称为脱水段）和一段预热；四段式，即将链箅机分为四段，一段鼓风干燥，两段抽风干燥和一段抽风预热。

按风箱分室又分为：两室式，即干燥段和预热段各有一个抽风室，或者第一干燥段有一个鼓风室，第二干燥段和预热段共用一个抽风室；三室式，即第一和第二干燥段及预热段各有一个抽（鼓）风室。

#### 2.1.3.2 链箅机工艺类型选择的主要依据

生球的热敏感性是选择链箅机工艺类型的主要依据。一般赤铁矿和磁铁矿热敏感性不高，常采用二室四段式。但为了强化干燥过程，也采用一段鼓风干燥、一段抽风干燥和预热，即二室三段式。当处理热稳定性差的含水土状赤铁矿生球时，为了提供大量热风以适应低温大风干燥，需要另设热风发生炉，将不足的空气加热，送低温干燥段。这种情况均采用三室三段式。

#### 2.1.3.3 链箅机系统的主要工艺参数

链箅机处理的矿物不同，其利用系数也不同。链箅机利用系数一般范围：赤铁矿、褐铁矿为25～30t/($m^2$·d)，磁铁矿为40～60t/($m^2$·d)。链箅机的有效宽度与回转窑内径之比为0.7～0.8，多数近于0.8，个别为0.9～1.0。

链箅机的有效长度可以根据物料在链箅机上停留时间长短和机速决定。

A 链箅机的规格及处理能力

链箅机的规格用其宽度与有效长度来表示。

链箅机的生产能力：

$$G = 60L_L H\rho_q \widetilde{w}_L \tag{2-1}$$

或

$$G = 24SK \tag{2-2}$$

式中 $G$——链箅机小时产量，t/h；

$L_L$——链箅机有效长度，m；

$H$——料层厚度，m；

$\rho_q$——球团堆密度（干），t/$m^3$；

$\widetilde{w}_L$——链箅机运行速度，m/min；

$S$——链箅机有效面积，$m^2$；

$K$——利用系数，t/($m^2$·d)。

B 链箅机的工艺参数

链箅机工作原理是将生球布在慢速运行的箅板上，利用环冷机预热及回转窑排出的热气流对生球进行鼓风干燥及抽风干燥、预热氧化，然后直接送入回转窑进行焙烧，其工艺参数如链箅机长度及各段分配比例、干燥和预热的时间、要求的风量、风温和风速等，必须通过多次试验确定和优化。张一敏主编的《球团矿生产技术》一书中记录了程潮铁矿自产磁铁精矿的部分工艺参数：

采用三段二室抽鼓相结合的干燥预热制度：链箅机料层厚度为200～230mm，其中，鼓风干燥段：干燥温度200℃，干燥时间3min，风速1.5m/s；抽风干燥段：干燥温度400℃，干燥时间6min，风速1.5m/s；预热干燥段：预热温度950℃左右，预热时间10min，风速1.5m/s，烟气氧含量不低于11%～12%。经回转窑焙烧固结后，球团矿的抗压强度2828N/个，其他指标均已达到优质球团质量要求。

## 2.2 回转窑系统的工艺及设备

回转窑属于回转圆筒类设备。筒体内有耐火砖衬及换热装置，以低速回转。物料与热烟气一般为逆流换热，物料从窑的高端（又称冷端或窑尾端）加入。

由于筒体倾斜安装，在回转时，窑内物料在沿周向翻转的同时沿轴向移动。燃烧器在低端（又称热端或窑头端）喷入燃料，烟气由高端排出。物料在移动过程中得到加热，经过物理与化学变化，成为合格产品从低端卸出。回转窑实物图如图 2-4 所示。

图 2-4 回转窑实物图

### 2.2.1 回转窑工艺流程

球团矿的焙烧、固结过程在回转窑中完成。经过链算机预热后的球团通过铲料板和给料槽给入回转窑中，并在随回转窑周边翻滚的同时，沿轴向朝窑头方向移动。在窑头装有专门设计的双调节伸缩式喷煤管，通过煤管伸缩和一次风量变化控制煤粉燃烧的火焰形状和火焰长度。同时将环冷机一段 1100℃左右的热废气引入窑头罩，作为补充二次风，以保证窑内所需焙烧温度。球团在窑内主要受热辐射的作用，边翻滚边焙烧，从而得到均匀的焙烧。磁铁矿生产氧化球团时，正常生产，窑头温度：1000 ~ 1100℃；窑中温度：1100 ~ 1200℃；窑尾温度：950 ~ 1050℃，火焰温度控制在 1300℃以上。

### 2.2.2 回转窑主要设备及结构特点

回转窑主要由筒体、窑头、窑尾密封装置、传动装置、托轮支承装置、滑环装置等组成。筒体由两组托轮支承，靠一套大齿轮及悬挂在其上的柔性传动装置、液压马达驱动筒体旋转，在窑的进料端和排料端分别设有特殊的密封装置，防止漏风、漏料。另外在进出料端的筒体外部，用冷风冷却，以防止烧坏筒体及缩口圈和密封鳞片。图 2-5 为回转窑主要组成部分示意图。

#### 2.2.2.1 窑头、窑尾密封装置

窑尾密封装置由窑尾罩、进料溜槽及鳞片密封装置组成，主要用于联系链算

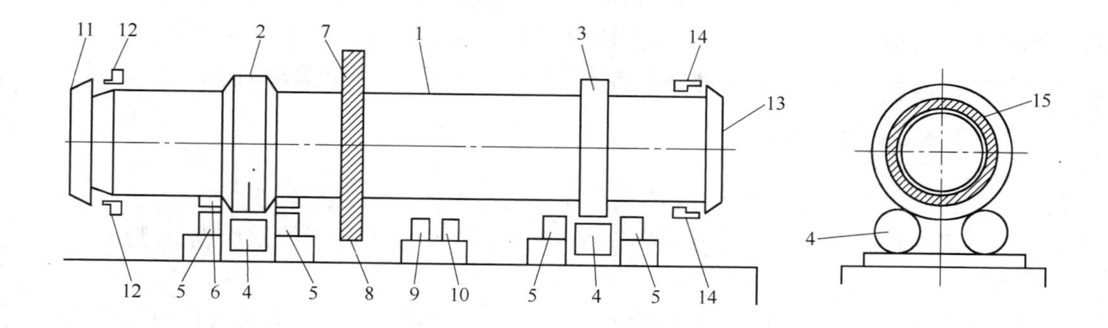


图 2-5 回转窑主要组成部分示意图

1—回转窑筒体；2—止推滚圈（窑尾滚圈）；3—平面滚圈（窑头滚圈）；4—托辊；5—托辊轴承；6—挡轮；7—大齿轮；8—小齿轮；9—减速机；10—传动电机；11—窑尾耐火砖固定件冷却风流入口；12—窑尾耐火砖固定件冷却风管；13—窑头耐火砖固定件冷却风入口；14—窑头耐火砖固定件冷却风管；15—耐火砖

机头部与回转窑筒体尾部，组成链箅机与回转窑的料流通道。摇头密封装置由窑头箱及鳞片密封装置组成，主要用于联系回转窑头部与环冷机给料斗，由回转窑筒体来的焙烧球团矿，进入窑头箱后通过其下方的固定筛，由给料斗给到环冷机台车上进行冷却。

窑头、窑尾密封的形式采用鳞片式密封，其主要结构特点为：通过固定在窑头、窑尾部灰斗上的金属鳞片与旋转筒体上摩擦环的接触实现窑头及窑尾的密封。其中鳞片分底层鳞片、面层鳞片及中间隔热片。底层鳞片由于与筒体摩擦环直接接触，要求其能有较好的耐热性能和耐磨性能，并具有一定的弹性。面层鳞片主要用于压住底层鳞片，使其能与筒体摩擦环紧密接触而达到密封效果，它必须具有良好的弹性，并能耐一定温度。中间隔热片装在底层鳞片与面层鳞片之间，主要起隔热作用，要求其能耐高温，并有良好的隔热性能与柔软性能。另外，筒体摩擦环与鳞片是处于相对运动状态，因此它们必须能耐高温，还且还必须具有耐磨性。鳞片密封的特点是结构简单，安装方便，质量轻，且成本相对较低。

#### 2.2.2.2 筒体

筒体由不同厚度的钢板焊接而成。筒体支承点的滚圈是嵌套在筒体上的，并用挡铁固定在筒体上。

#### 2.2.2.3 支承装置

回转窑一般有两个支承点，每组支承点均由嵌在筒体上的滚圈支承在两个托轮上，它支承筒体的质量并防止筒体变形。托轮轴承采用滚动轴承，轴承由通向轴承座内的冷却水来冷却。筒体安装倾斜角度为2.5°～3.0°，由推力挡轮来实现窜窑时筒体的纵向移动。推力挡轮是圆台形，内装有4个滚动轴承。

#### 2.2.2.4　传动装置

回转窑传动方式有电机-减速机传动方式和柔性传动方式。

电机-减速机传动方式由于安全性差、噪声大，新设计的回转窑一般不予采用。

柔性传动装置提供回转窑的旋转动力，它通过装在大齿轮上的连杆与筒体连接而使筒体转动。主要由动力站、液压马达及悬挂减速机等组成。

液压马达压杆与扭力臂连接处采用关节轴承，压杆座采用活动铰接，以补偿因热胀（或窜窑）引起的液压马达与基础之间的各项位移。传动部分的开式齿轮副及悬挂减速机中的齿轮副采用干油通过带油轮进行润滑；悬挂装置轴承则由电动干油系统自动供脂润滑。

#### 2.2.2.5　热电偶滑环装置

热电偶滑环装置用于将热电偶的测温信号送到主控仪表室进行监控，以作为温度控制的重要依据。回转窑是一个尾部（给料端）高、头部（排料端）低的倾斜筒体。球团在窑内滚动瀑落的同时，又从窑尾向窑头不停地滚动落下，最后经窑尾排出，也就是说球团在窑内的焙烧过程是一个机械运动、理化反应与热工的综合过程。在这一点上回转窑焙烧球团比竖炉、带式机焙烧球团皆显得复杂。这也是它的焙烧球团质量较后两者均匀的原因所在。

### 2.2.3　回转窑主要参数

回转窑的主要参数包括长径比、长度、直径、斜度、物料在窑内停留时间、填充率等。

#### 2.2.3.1　长径比

长径比（$L/D$）是回转窑的一个很重要的参数。长径比的选择要考虑到原料性质、产量、质量、热耗及整个工艺要求，应保证热耗低、供热能力大、能顺利完成一系列物理化学过程。此外还要提供足够的窑尾气流量并符合规定的温度要求，以保证预热顺利进行。生产氧化球团矿时常用的长径比为：6.4～7.7，早期曾用过12，近几年来，长径比已减少到6.4～6.9。长径比过大，窑尾废气温度低，影响预热，热量容易直接辐射到筒壁，使回转窑内局部温度过高，粉料及过熔球团黏结于筒壁造成结圈。长径比适当小些，可以增大气体辐射层厚度，改善传热，提高产品质量和减少结圈现象。

#### 2.2.3.2 内径和长度

美国爱立斯-恰默斯公司计算回转窑尺寸的方法是：在回转窑给料口处的气流速度设计为 28 ~38m/s，按此计算出给矿口直径，加上两倍的回转窑球层的厚度，得出回转窑的有效内径和选定的长径，即可求出有效长度。

#### 2.2.3.3 倾斜度、转速及物料在窑内的停留时间

回转窑的倾斜度和转速的确定主要是保证窑的生产能力和物料的翻滚程度。根据试验及生产实践经验，倾斜度一般为 3% ~5%，转速一般为 0.3 ~1.5r/min。转速高可以强化物料与气流间的传热，但粉尘过多。物料在窑内停留时间必须保证反应过程的完成和提高产量的要求。当窑的长度一定时，物料在窑内停留时间取决于物料的移动速度，而料流的移动速度又与物料粒度、黏度、自然堆角及回转窑的倾斜度、转速有关。物料在窑内停留时间一般为 30 ~40min。

#### 2.2.3.4 填充率和利用系数

窑的平均填充率等于窑内物料体积与窑的有效面积之比。国外回转窑的填充率一般在 6% ~8%。回转窑的利用系数与原料性质有关，磁铁矿热耗低，单位产量高。由于大小回转窑内料层厚度都差不多，大窑填充率低，因此长度相应取长些，以便保持适当的焙烧时间。爱立斯-恰默斯公司认为回转窑利用系数以回转窑内径的 1.5 次方乘窑长再除回转窑的产量来表示更有代表性。

## 2.3 环冷机系统的工艺及设备

环冷机是一种圆环形式的球团冷却设备，与链箅机-回转窑球团生产工艺配套，其主体由若干个扇形台车形成，台车与台车连接在一个水平配置的环形框架上，形成一个首位相接的环。环冷机采用三段式鼓风冷却，中间用隔墙分开，从下部鼓入的冷空气穿过箅孔与炽热的球团矿进行热交换，从而达到冷却的目的。

### 2.3.1 环冷机工艺流程

环冷机内球团矿及气体流动的情况是：焙烧球从窑头排出，经设在窑头罩下部的格筛剔除脱落的结圈块后送冷却机冷却。冷却过程中球团内剩余部分磁铁矿全部氧化为赤铁矿。回转窑排出的焙烧球团一般在 1250 ~1300℃左右。这种高温球团与冷却风机送入的冷空气接触并进行热交换，其热量被冷却空气流带走，最后冷却到适宜皮带输送的温度（一般要求在 150℃以下）。为便于回热利用，

环式冷却常用中间隔墙分为高温段（第1冷却段）和低温段（第2冷却段），高温段排出的废气（1000～1100℃）作为二次空气送入回转窑。低温段排出的废气（400～600℃）利用回热系统供给链箅机炉罩，作为干燥球团的热源。环冷机流程如图2-6所示。

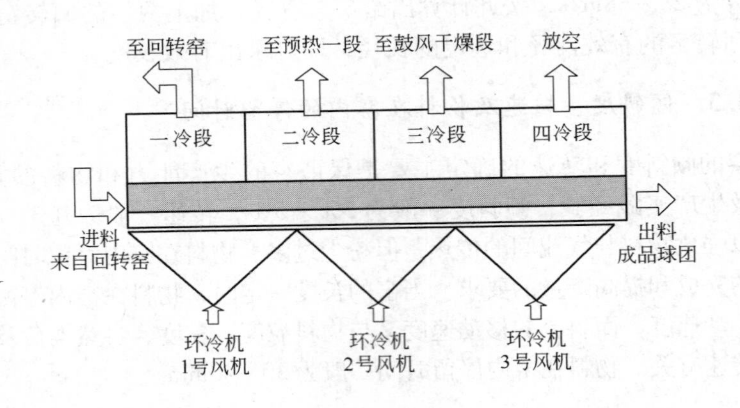


图2-6 环冷机流程简图

环冷机上料层厚约760mm，要求其均匀、稳定和透气性好，以提高其冷却效果。焙烧球团不应有较多的碎粉，否则不仅会降低料层透气性，而且还会因碎粉熔融而使球团粘连成块，因此要求球团要充分焙烧。其热废气温度对整个热工系统至关重要。一冷段热废气风温会直接影响到窑内温度和煤粉的完全燃烧，二冷段热废气风温则会影响链箅机抽干二段的烟罩温度。二冷段风量必须确保不对抽干风机引风量构成威胁，以保证抽干段的负压操作。此外，球团焙烧时间短，使得球团在环冷一段还会发生部分氧化和再结晶反应，确保成品球团达到质量要求。在操作时应根据环冷三段的温度情况，合理调整2台风机的鼓风量，氧化球团的冷却以一段、二段为主，三段为辅，从而保证冷却余热最大限度地回收利用。从回转窑排出的热氧化球经环冷机冷却后温度降至150℃以下。

### 2.3.2 环冷机组成和结构特点

环式冷却机是由支架、台车、导轨、机罩及传动装置等组成。

环式冷却机是一个环状槽形结构，由若干可翻转的台车组成环形工作表面，环形中车两侧围有内外墙，构成环形回转体，内外墙内壁均衬有耐火材料。回转环体上部固定一个衬有耐火材料的环形机罩。回转环体与固定机罩之间设有砂封装置，以防止漏风。

环式冷却机可分成给矿部、高温段（第一冷却段）、低温段（第二三冷却段）和排矿部等几部分。它们分别用缓冲刮料板、平料板、隔板等隔开。各种隔板常设有强制冷却措施，其冷却方式有水冷和风冷两种，风冷隔板常配有专用冷却风机。给到环冷机台车上的球团，先经过缓冲刮板将堆料初步刮动，随后再通过平料板将料层基本刮平，从而避免料层偏析，以改善透气均匀性。环冷机回转体由环形导轨和若干托辊支承，由传动电机、减速机、小齿轮和大齿轮组成的传动系统传动。环体回转速度可以调节，以使料层保持厚度均匀，转速调节范围一般为0.5～2r/h左右。为了应急事故停电，环冷机常配有备用传动装置，由备用电源启动。由回转窑排矿端（窑头）下部的（固定式）格筛筛出的结圈块经溜槽排出，用手推小车运至结圈冷却堆处理。图2-7为环冷机结构配置示意图。

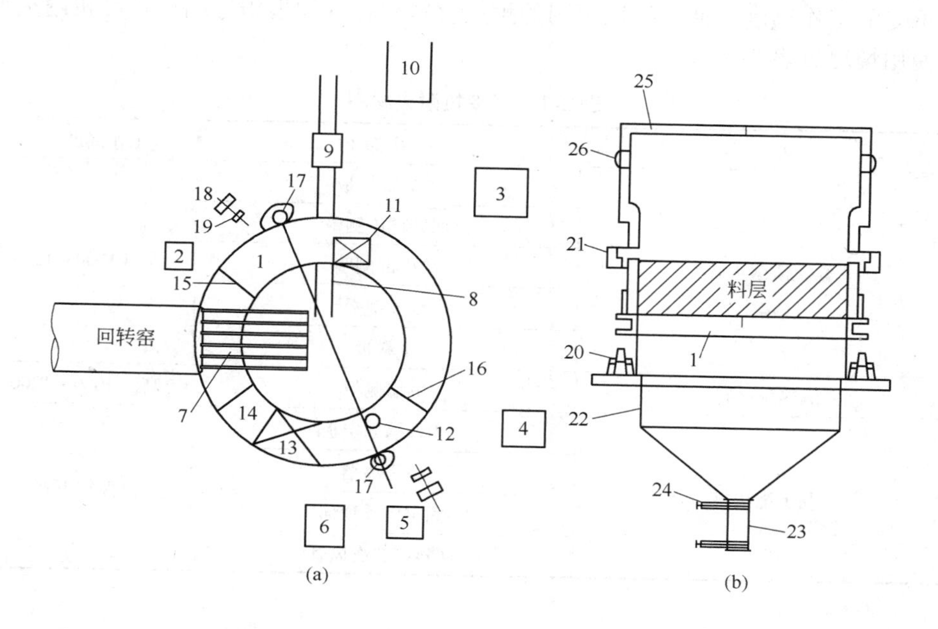


图2-7 环冷机结构配置示意图

（a）平面配置；（b）断面结构

1—冷却机台车；2—冷却风机1号；3—冷却风机2号；4—冷却风机3号；5—冷却风机4号；6—格筛冷却风机；7—格筛；8—结圈块排出溜槽；9—结圈块外运小车；10—结圈块冷却堆；11—高温段排气（回转窑二次用风）管道；12—低温段排气管道；13—排矿槽；14—积料部缓冲板；15—平料板；16—高低温段隔板；17—传动齿圈；18—传动电机；19—减速机；20—托辊；21—砂封装置；22—风箱；23—风箱撒料漏斗；24—双层阀；25—耐火衬里；26—检修孔

### 2.3.2.1 环冷机卸矿装置

环冷机的卸矿是在台车运行至卸矿曲轨（台车行车轮的导轨呈向下弯曲的

曲线段）时，尾部向下倾斜60°角，边走边卸；卸完矿以后又走到水平轨道上，台车恢复到水平位置后又重新装料。

除上面的卸矿方式外，还有一种常用的卸矿方式，在台车内侧装有一摇臂和辊轮，辊轮上部有压轨。在卸料区，压轨向上弯曲，当台车摇臂辊轮到卸矿曲轨处时，辊轮脱离压轨，因台车偏重向下翻转，台车边卸矿边随环形转动框架前进，当遇到下部导轮时，即将台车托平强迫辊轮导入压轨，台车复位后又重新装矿。

#### 2.3.2.2 环冷机耐火衬里

环冷机各段组成部分（包括内、外墙，隔墙、风罩等）均为钢制结构，视所承受的工作温度高低，衬以不同的耐火材料。日本加古川球团厂环冷机耐火材料使用情况见表2-1。

表2-1 环冷机耐火材料

| 耐热材料 | 使用部位 | 工作温度/℃ |
|---|---|---|
| 黏土质耐火砖 | 给矿部拱板 | 高温1000～1200 |
| | 回转环体侧壁 | |
| | 给矿部侧壁 | |
| | 绕冲刮板 | |
| | 平料板 | |
| 隔热耐火砖 | 隔墙侧板 | 高温1000～1200 |
| 黏土浇注料 | 内外墙固定板 | 高温约1000 |
| | 格筛溜槽 | |
| | 固定机罩顶部 | |
| | 回转窑二次风管 | |

#### 2.3.2.3 环冷机密封装置

环冷机设有密封装置的地方有两处：

(1) 回转体与固定机罩之间：常采用的有砂封和耐热橡皮密封。

(2) 风箱与转动框架（回转环体）之间：由于环冷机一般采用鼓风冷却、风箱温度低，所以通常采用橡皮密封。

#### 2.3.2.4 环冷机的规格

环式冷却机的规格主要用平均直径（即环冷机的直径）和台车的跨度来表示。目前国外链-回机组球团厂中最小环冷机（美国亨博尔特厂）平均直径为

7.72m，台车宽度为 1.3m；最大环冷机（美国蒂尔登厂）平均直径为 20.1m，台车宽度为 3.1m。

一般情况下，环冷机的规格是按能力来选择的。环冷机的能力通常按下式计算：

$$G = 60 L_H H \rho_q \widetilde{w}_H \tag{2-3}$$

式中 $G$—— 环冷机的处理能力，t/h；

$L_H$ —— 台车跨度，m；

$H$——料层厚度，m；

$\rho_q$——球团堆密度，t/m$^3$；

$\widetilde{w}_H$——环冷机台车移动的平均线速度，m/min。

环冷机台车速度 $\widetilde{w}_H$ 按下式计算：

$$\widetilde{w}_H = \frac{\pi d_H a}{t} = \frac{A_H}{t L_H} \tag{2-4}$$

式中 $d_H$——环冷机的平均直径，m；

$a$——台车面积利用系数，一般取 0.74；

$\pi$——3.1416；

$t$ ——球团在台车上的停留时间，min；

$A_H$——环冷机台车有效面积，m$^2$。

环冷机的有效面积计算公式：

$$A_H = \pi d_H L_H a \tag{2-5}$$

环冷机转速一般按下式计算：

$$n_H = 60 \frac{\widetilde{w}_H}{\pi d_H} \tag{2-6}$$

将 $\widetilde{w}_H = \frac{\pi d_H a}{t} = \frac{A_H}{t L_H}$ 代入

即

$$n_H = 60 \frac{d_H}{t} \tag{2-7}$$

### 2.3.3 环冷机工艺参数

1200℃左右的球团从回转窑卸到环冷机上进行冷却，使球团最终温度降至 100℃左右，以便皮带机运输和热量回收。目前各国链箅机-回转窑球团厂，除比利时的克拉伯克厂采用带式冷却机（21.0m×3.48m）外，其余均采用环式冷却机鼓风冷却。日本神户钢铁公司神户球团厂和加古川球团厂除采用环式鼓风冷却外，还增加了一台简易带式抽风冷却机。部分球团厂环冷机工艺参数见表2-2。

表2-2　部分球团厂环冷机工艺参数

| 厂名 | 料层厚度/mm | 冷却时间/min | | 风机风量/$m^3 \cdot min^{-1}$ | 风机压力/kPa | 风速/$m \cdot s^{-1}$ | 单位风量/$m^3 \cdot t^{-1}$ | | 球团最终温度/℃ |
|---|---|---|---|---|---|---|---|---|---|
| | | 设计 | 实际 | | | | 设计 | 实际 | |
| 亨博尔特 | | | | 623×2 | 2540 | 0.8 | 1794 | | |
| 巴特勒 | 760 | 38 | 30 | | | 1.3 | 2011 | 1574 | 约120 |
| 亚当斯 | | 60 | | 2435×2 | | 1.2 | 2104 | | |
| 邦格 | | | | 5730×2 | | | 2292 | | |
| 蒂尔登 | 762 | 28 | 27 | 10320×2 | 7340 | 2 | 2250 | 2190 | 65~68 |
| 诺布湖 | 760 | 26 | 26 | | | | | | |
| 冯迪多拉 | 760 | 34 | 34 | 3481×2 | 6000 | 1.7 | 2139 | | |
| 程潮球团 | 760 | 45 | 42 | 3000/2667 | 5880/5390 | 1.0 | 1888 | 1650 | 150 |

环冷机分为高温冷却段（第一冷却段）和低温冷却段（第二冷却段），中间用隔墙分开。料层厚度500~762mm。冷却时间一般为26~30min。每吨球团的冷却风量都在2000$m^3$以上。

高温冷却段出来的热风温度达1000~1100℃，作为二次燃烧空气返回窑内利用。过去低温段热风，各厂均作废气排至大气，近年来新建的球团厂采用回流换热系统回收低温段热风供给链箅机干燥使用。据说，美国蒂尔登球团厂采用这种装置可以降低燃料消耗1.672~2.09GJ/t，还可以减少环境污染。

## 2.4　链-回-环系统主要技术经济指标

链-回-环系统的主要技术经济指标包括：燃煤单耗、回转窑有效面积利用系数、作业率、质量合格率、电耗和工序能耗等，其计算公式如下。

$$\text{燃煤单耗}=\frac{\text{当月燃烧煤消耗}}{\text{当月氧化球团产量}} \tag{2-8}$$

$$\text{回转窑有效面积利用系数}=\frac{\text{氧化球团产量(t)}}{\text{回转窑截面积}(m^2)\times\text{作业时间(h)}} \tag{2-9}$$

$$\text{作业率}=\frac{\text{链箅机实际作业时间(h)}}{\text{日历时间(h)}}\times100\% \tag{2-10}$$

$$\text{质量合格率}=\frac{\text{球团矿检验合格量(t)}}{\text{球团矿总量(t)}}\times100 \tag{2-11}$$

$$\text{电耗}=\frac{\text{总消耗电量}(kW\cdot h)}{\text{氧化球团产量(t)}} \tag{2-12}$$

$$\text{工序能耗} = \frac{\sum \text{能源物料消耗量(kg)} \times \text{各自的折算系数}}{\text{氧化球团产量(t)}} \tag{2-13}$$

能源种类包括：燃烧煤、电、柴油、汽油、新水、压缩空气，其折算系数如表2-3所示。

**表2-3　能源消耗折算系数**

| 名　称 | 燃烧煤 $/t\cdot t^{-1}$ | 电 $/kW\cdot h\cdot t^{-1}$ | 柴油 $/t\cdot t^{-1}$ | 汽油 $/t\cdot t^{-1}$ | 新水 $/m^3\cdot t^{-1}$ | 压缩空气 $/m^3\cdot t^{-1}$ |
|---|---|---|---|---|---|---|
| 折算系数 | 0.714 | $4.04\times10^4$ | 1.571 | 1.471 | $4.04\times10^4$ | $0.4\times10^4$ |

# 3 链算机-回转窑-环冷机系统质量平衡

质量平衡原理是自然界中普遍存在的定理之一，现将其应用于链-回-环系统中，对整个系统进行测试，得出系统的质量流动图。同时，便于对以后的能量分析和㶲分析提供计算依据。

在本书中，采用如下气体质量流量计算模型：

烟气成分中一般主要包括 $O_2$、$N_2$、$CO_2$，查《动力工程师手册》得到标况下各成分密度 $\rho_{N_2}$、$\rho_{O_2}$、$\rho_{CO_2}$，经现场测定得到体积分数 $\varphi_{N_2}$、$\varphi_{O_2}$、$\varphi_{CO_2}$，通过下式求得标况下烟气的密度 $\rho_{N,\text{烟气}} = \rho_{N,O_2} \times \varphi_{O_2} + \rho_{N,N_2} \times \varphi_{N_2} + \rho_{N,CO_2} \times \varphi_{CO_2}$。

由中华人民共和国国家标准（GB5468—91）计算实际烟气密度：

$$\rho_S = \rho_N \times \frac{273}{273 + T_S} \times \frac{p_0 + p_S}{p_0} \tag{3-1}$$

式中 $\rho_N$——标准状态下湿烟气密度，$kg/m^3$（标态）；湿烟气，一般情况下湿烟气 $\rho_N$ 可取用 $1.34kg/m^3$（标态）；

$T_S$——测量断面内烟气平均温度，℃；

$p_0$——测量断面内烟气静压，Pa；

$p$——大气压力，Pa。

流速公式：

$$\widetilde{w}_{si} = 1.414\mu\sqrt{\frac{p_{di}}{\rho_S}}$$

式中 $\mu$——皮托系数；

$p_{di}$——气体动压，Pa。

气体流量：

$$V = 3600 \times A \times \widetilde{w}_{si}$$

质流量：

$$G = \rho_S V$$

## 3.1 链算机系统的质量平衡

### 3.1.1 链算机系统质量收入

（1）进链算机物料的质量 $G_1$。

$$G_1 = \frac{G}{t} \tag{3-2}$$

式中 $G$——一天进入链箅机的物料总质量，t；

$t$——24 小时。

（2）鼓风干燥段鼓入气体的质量 $G_2$。

$$G_2 = V_2\rho_2 \tag{3-3}$$

式中 $V_2$——单位时间进入鼓风干燥段的气体流量，$m^3/h$；

$\rho_2$——进入鼓风干燥段气体密度，$kg/m^3$。

（3）抽风干燥段鼓入气体的质量 $G_3$。抽风干燥段鼓入气体即为预热二段烟气，为系统循环量。

（4）预热一段鼓入气体的质量 $G_4$。

$$G_4 = G_{2L} \tag{3-4}$$

式中 $G_{2L}$——环冷机二段烟气量，t/h。

（5）预热二段鼓入气体的质量 $G_5$。预热二段鼓入气体即为回转窑烟气。

$$G_5 = G'_{2h} \tag{3-5}$$

式中 $G'_{2h}$——单位时间回转窑烟气排出质量，t/h。

（6）预热二段吸风的质量 $G_6$。

假设预热二段和预热一段无窜风现象，对预热二段列质量平衡方程：

$$G_5 + G_6 = G_{PHI出口(E)} + G_{PHII出口(W)} \tag{3-6}$$

式中 $G_{PHI出口(E)}$——单位时间预热一段出口烟气量，t/h；

$G_{PHII出口(W)}$——单位时间预热二段出口烟气量，t/h。

### 3.1.2 链箅机系统质量支出

（1）物料带出的质量 $G'_1$。根据回转窑物料入口处反算。

（2）鼓风干燥段烟气的质量 $G'_2$。

$$G'_2 = V'_2\rho'_2 \tag{3-7}$$

式中 $V'_2$——单位时间鼓风干燥段排出烟气体积，$m^3/h$；

$\rho'_2$——鼓风干燥段排出烟气密度，$kg/m^3$。

（3）抽风干燥段与预热一段东侧排出烟气的质量 $G'_3$。

$$G'_3 = V'_3\rho'_3 \tag{3-8}$$

式中 $V'_3$——单位时间抽风干燥段与预热一段东侧排出烟气体积，$m^3/h$；

$\rho'_3$——抽风干燥段与预热一段东侧排出烟气密度，$kg/m^3$。

（4）抽风干燥段与预热一段西侧排出烟气的质量 $G'_4$。

$$G'_4 = V'_4\rho'_4 \tag{3-9}$$

式中 $V'_4$——单位时间抽风干燥段与预热一段西侧排出烟气体积，$m^3/h$；

$\rho'_4$——抽风干燥段与预热一段西侧排出烟气密度，$kg/m^3$。

（5）预热二段烟气的质量 $G_5'$。预热二段烟气量为系统循环量。

（6）干返料的质量 $G_6'$。据经验和现场测定。

（7）多管除尘中除去的飞灰的质量 $G_7'$。

$$G_7' = 飞灰含量 \times V_7' \tag{3-10}$$

式中　$V_7'$——单位时间经过多管除尘器的烟气量，t/h；

飞灰含量——据经验和现场测定得之。

（8）漏风及其他 $\Delta G$。

物料各项收入总和与已测支出各项总和之差即为差值 $\Delta G$。

根据质量守恒：

$$G_1 + G_2 + \cdots + G_6 = G_1' + G_2' + \cdots + G_7' + \Delta G \tag{3-11}$$

### 3.1.3　链箅机系统质量平衡表

为了使读者能够更加清晰明了地看到链箅机系统质量的收入与支出项之间的关系，特制作表 3-1 以示之。

**表 3-1　链箅机质量平衡表**

| 收入项 | | | | 支出项 | | | |
|---|---|---|---|---|---|---|---|
| 符号 | 项　目 | t/h | % | 符号 | 项　目 | t/h | % |
| $G_1$ | 进入物料的质量 | | | $G_1'$ | 物料带出质量 | | |
| $G_2$ | 鼓风干燥段鼓入气体质量 | | | $G_2'$ | 鼓风干燥段烟气的质量 | | |
| $G_3$ | 抽风干燥段鼓入气体的质量 | | | $G_3'$ | 预热一段与抽风干燥段东侧排出烟气质量 | | |
| $G_4$ | 预热一段鼓入气体质量 | | | | | | |
| $G_5$ | 预热二段鼓入气体质量 | | | $G_4'$ | 预热一段与抽风干燥段西侧排出烟气质量 | | |
| $G_6$ | 预热二段吸风质量 | | | $G_5'$ | 预热二段烟气质量 | | |
| | | | | $G_6'$ | 干返料质量 | | |
| | | | | $G_7'$ | 除尘器飞灰质量 | | |
| | | | | | 差值 $\Delta G$ | | |
| 合　计 | | | | 合　计 | | | |

## 3.2　回转窑系统的质量平衡

### 3.2.1　回转窑系统质量收入

（1）燃料消耗量。喷煤粉消耗量为：

$$G_1 = \frac{G}{t} \tag{3-12}$$

式中 $G$——一天燃煤消耗总量，t；

$t$——24h。

焦炉煤气消耗量为：

$$G_2 = \rho V \tag{3-13}$$

式中 $\rho$——焦炉煤气密度，$kg/m^3$；

$V$——单位时间消耗焦炉煤气体积，$m^3/h$。

（2）入窑料球质量 $G_3$。经回转窑出口料球中［FeO］的含量反算得入窑料球质量。

（3）助燃风质量 $G_4$。

$$G_4 = V\rho \tag{3-14}$$

式中 $V$——单位时间助燃风流量，$m^3/h$；

$\rho$——助燃风密度，$kg/m^3$。

（4）二次风质量 $G_5$。

$$G_5 = V_{二次风}\rho_{二次风} \tag{3-15}$$

式中 $V_{二次风}$——单位时间二次风流量，$m^3/h$；

$\rho_{二次风}$——二次风密度，$kg/m^3$，

$$\rho_{二次风} = \rho_{N,\ O_2} \times \varphi_{O_2} + \rho_{N,\ N_2} \times \varphi_{N_2} + \rho_{N,\ CO_2} \times \varphi_{CO_2} \tag{3-16}$$

$\rho_N$——标况下气体密度，$kg/m^3$；

$\varphi$——二次风中气体的体积含量，%。

对回转窑列氮平衡方程：

$$\begin{aligned} m_{N,\ 烟气} &= m_{N,\ 煤粉} + m_{N,\ 焦炉煤气} + m_{N,\ 助燃空气} + m_{N,\ 二次风} V_{烟气} \times w_{N_2} \times \frac{M_{N_2}}{V_{mol}} \\ &= m_{煤粉} \times w_{N_2} + V_{焦炉煤气} \times w_{N_2} \times \frac{M_{N_2}}{V_{mol}} + V_{助燃空气} \times w_{N_2} \times \frac{M_{N_2}}{V_{mol}} + \\ &\quad V_{二次风} \times w_{N_2} \times \frac{M_{N_2}}{V_{mol}} \end{aligned} \tag{3-17}$$

式中 $V$——单位时间内气体体积流量，$kg/m^3$；

$w_{N_2}$——氮的质量分数，%；

$M_{N_2}$——$N_2$ 的摩尔质量，kg /mol；

$V_{mol}$——标准摩尔体积，$m^3/mol$。

### 3.2.2 回转窑系统质量支出

（1）出口熟料质量 $G'_1$。经过环冷机入口物料质量反算。

（2）烟气质量 $G'_2$。

$$G_2' = V_{烟气} \times \rho_{烟气} \tag{3-18}$$

式中 $V_{烟气}$——单位时间回转窑排出烟气量，$m^3/h$；

$\rho_{烟气}$——回转窑排出烟气的密度，$kg/m^3$。

对于焦炉煤气：

理论空气消耗量（$m^3/m^3$）：

$$L_0 = 4.76 \times [\frac{1}{2}\varphi(CO) + \frac{1}{2}\varphi(H_2) + \sum (n + \frac{m}{4})\varphi(C_nH_m) + \frac{3}{2}\varphi(H_2S) - \varphi(O_2)] \times 10^{-2} \tag{3-19}$$

式中，$\varphi(CO)$，$\varphi(H_2)$，$\varphi(C_nH_m)$，$\varphi(H_2S)$，$\varphi(O_2)$ 分别为各物质的体积百分数，%。

对于煤粉：

理论空气消耗量（$m^3/kg$）：

$$L_0 = [8.89w(C) + 26.67w(H) + 3.33w(S) - 3.33w(O)] \times 10^{-2} \tag{3-20}$$

式中，$w(C)$，$w(H)$，$w(S)$，$w(O)$ 分别为各元素的质量百分数，%。

回转窑煤粉燃烧空气过量系数：

$$n = \frac{1}{1 - \frac{79}{21} \times \varphi \frac{O_2'}{\varphi N_2'}} \tag{3-21}$$

燃烧焦炉煤气空气系数：

$$n = \frac{1}{1 - \frac{79}{21} \times \frac{O_2' - 0.5CO' - 0.5H_2' - 2CH_4'}{\varphi(N_2') - \frac{\varphi(N_{燃}) \times [\varphi(RO_2') + \varphi(CO') + \varphi(CH_4')]}{V_{RO_2} \times 100}}} \tag{3-22}$$

式中 $$V_{RO_2} = [w(CO) + w(CO_2) + \sum nw(C_nH_m) + w(H_2S)] \times \frac{1}{100} \tag{3-23}$$

煤粉烟气量：

$$V_n = [\frac{w(C)}{12} + \frac{w(S)}{32} + \frac{w(H)}{2} + \frac{w(W)}{18} + \frac{w(N)}{28}]\frac{22.4}{100} + (n - \frac{21}{100})L_0 + 0.00124\,gL_n \tag{3-24}$$

式中，$w(C)$，$w(S)$，$w(H)$，$w(W)$，$w(N)$ 分别为各元素的质量百分数，%；$n$ 为空气过量系数；$L_0$ 为燃料理论空气需要量，$m^3/kg$；$L_n$ 为燃料实际空气需要量，$m^3/kg$；$g$ 为干空气中水气饱和含量，$g/m^3$。

焦炉煤气的实际烟气量：

$$V_n = [\varphi(CO) + \varphi(H_2) + \sum (l + \frac{m}{2})\varphi(C_nH_m) + 2\varphi(H_2S) + \varphi(CO)_2 + \varphi(N_2) + \varphi(H_2O)] \times \frac{1}{100} + (n - \frac{21}{100})L_0 + 0.00124gL_n \quad (3\text{-}25)$$

式中，$\varphi(CO)$，$\varphi(H_2)$，$\varphi(C_nH_m)$，$\varphi(H_2S)$，$\varphi(O_2)$ 分别为各物质的体积百分数,%；$n$ 为干空气中饱和水含量,%。

$$\rho_{N,烟气} = \rho_{N,O_2} \times \varphi_{O_2} + \rho_{N,N_2} \times \varphi_{N_2} + \rho_{N,CO_2} \times \varphi_{CO_2} \quad (3\text{-}26)$$

式中　$\rho_N$ ——标准状况下气体的密度，$kg/m^3$；

$\varphi$ ——气体的体积分数,%。

### 3.2.3　回转窑系统质量平衡表

为了使读者能够更加清晰明了地看到回转窑系统质量的收入与支出项之间的关系，特制作表3-2以示之。

表3-2　回转窑物料平衡表

| 收入物料 | | | | 支出物料 | | | |
|---|---|---|---|---|---|---|---|
| 符号 | 项　目 | t/h | % | 符号 | 项　目 | t/h | % |
| $G_1$ | 煤质量及焦炉煤气质量 | | | $G_1'$ | 熟料质量 | | |
| | | | | $G_2'$ | 烟气质量 | | |
| $G_2$ | 入窑料球质量 | | | | | | |
| $G_3$ | 助燃风质量 | | | | | | |
| $G_4$ | 二次风质量 | | | | | | |
| | | | | $\Delta G$ | 差　值 | | |
| 合　计 | | | | 合　计 | | | |

## 3.3　环冷机系统的质量平衡

### 3.3.1　环冷机系统质量收入

（1）入环冷机物料质量 $G_{C4}$。经过环冷机尾部出料［FeO］的增量反算得到入口质量。

（2）1号风机进环冷机风量 $G_{1号}$。

$$G_{1号} = \rho V_{1号}/1000 \quad (3\text{-}27)$$

式中　$\rho$ ——气体密度，$kg/m^3$；

$V_{1号}$ —— 1号风机体积流量，$m^3/h$。

环冷机空气、烟气体积流量计算公式如下：

流速：
$$w_{si} = 1.414\mu\sqrt{\frac{p_{di}}{\rho_S}} \tag{3-28}$$

式中 $\mu$——皮托系数，取0.85；

$p_{di}$——气体动压，Pa；

$\rho_S$——气体测量条件下密度，$kg/m^3$。

流量（$m^3/h$）：
$$V = \frac{\pi}{4}d^2\omega \times 3600 \tag{3-29}$$

式中 $d$——被测管直径，m。

（3）2号风机进环冷机风量 $G_{2号}$。
$$G_{2号} = \rho V_{2号}/1000 \tag{3-30}$$

式中 $\rho$——气体密度，$kg/m^3$；

$V_{2号}$——2号风机体积流量，$m^3/h$。

（4）3号风机进环冷机风量 $G_{3号}$。
$$G_{3号} = \rho V_{3号}/1000 \tag{3-31}$$

式中 $\rho$——气体密度，$kg/m^3$；

$V_{3号}$——3号风机体积流量，$m^3/h$。

### 3.3.2 环冷机系统质量支出

（1）球团出料量 $G_{H1}$。由现场成品秤累计得到。

（2）一冷段排出气体量 $G_{一冷}$。一冷段排出的气体作为二次风进入回转窑，因此，二者相等，即：
$$G_{一冷} = G_{二次风} \tag{3-32}$$

（3）二冷段排出气体量 $G_{二冷}$。
$$G_{二冷} = \rho V_{二冷}/1000 \tag{3-33}$$

式中 $\rho$——气体密度，$kg/m^3$；

$V_{二冷}$——二冷段体积流量，$m^3/h$。

（4）三冷段排出气体量 $G_{三冷}$。三冷段排出气体进入鼓风干燥段，即有：
$$G_{三冷} = G_{鼓风段} \tag{3-34}$$

（5）四冷段排出气体量 $G_{四冷}$。
$$G_{四冷} = \rho V_{四冷}/1000 \tag{3-35}$$

式中 $\rho$——气体密度，$kg/m^3$；

$V_{四冷}$——四冷段体积流量，$m^3/h$。

（6）漏风量 $G'_{漏风}$（t/h）。
$$G'_{漏风} = \rho V_{漏风}/1000 \tag{3-36}$$

式中　$\rho$——气体密度，$kg/m^3$；

$V_{漏风}$——漏风体积流量，$m^3/h$。

根据物料质量平衡：

$$G_{C_4} + G_{1号} + G_{2号} + G_{3号} = G_{H_1} + G_{一冷} + G_{二冷} + G_{三冷} + G_{四冷} + G'_{漏风} + \Delta G \tag{3-37}$$

### 3.3.3　环冷机系统质量平衡表

为了使读者能够更加清晰明了地看到环冷机系统质量的收入与支出项之间的关系，特制作表3-3以示之。

**表3-3　环冷机质量平衡表**

| 收入项 | | | | 支出项 | | | |
|---|---|---|---|---|---|---|---|
| 符号 | 项　目 | t/h | % | 符号 | 项　目 | t/h | % |
| $G_{C_4}$ | 进环冷机料球质量 | | | $G_{H1}$ | 料球出料量 | | |
| $G_{1号}$ | 1号风机进环冷机风量 | | | $G_{一冷}$ | 一冷排出气体量 | | |
| $G_{2号}$ | 2号风机进环冷机风量 | | | $G_{二冷}$ | 二冷排出气体量 | | |
| $G_{3号}$ | 3号风机进环冷机风量 | | | $G_{三冷}$ | 三冷排出气体量 | | |
| | | | | $G_{四冷}$ | 四冷排出气体量 | | |
| | | | | $G'_{漏风}$ | 漏风量 | | |
| | | | | $\Delta G$ | 差　值 | | |
| 合　计 | | | | 合　计 | | | |

# 4　链箅机-回转窑-环冷机系统热量平衡

通过对链箅机-回转窑系统的热工过程检测和系统能量平衡进行分析，我们能够对系统的能流分配情况和能量利用水平做出科学的评价，提出对系统设备的改进建议和操作参数的调整，使系统达到经济运行的目的，降低系统能量消耗水平。热量平衡的分析是建立数学模型的基础，而热量平衡的分析又是以物料平衡为基础的，其中生球的热量变化、煤的供热、氧化反应的放热、水分蒸发吸热、表面热损失和气体的循环是几个主要的方面，明晰系统中热风的运行规律是分析热量平衡的关键。结合工艺流程给出链箅机–回转窑系统的热风循环示意图，如图 4-1 所示。

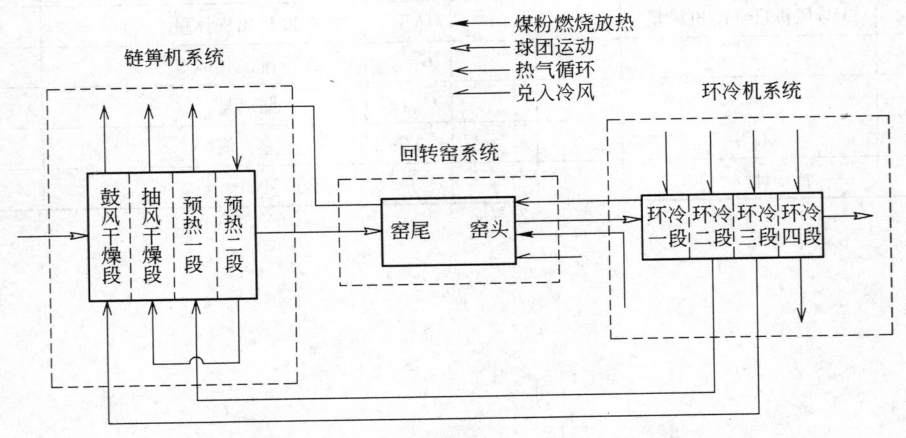


图 4-1　链箅机–回转窑–环冷机热风循环示意图

## 4.1　链箅机系统的热量平衡

### 4.1.1　链箅机系统热量收入

（1）物料带入的热量 $Q_{L1}$。

$$Q_{L1} = \sum_{各种成分} m_i \int_{T_e}^{T_i} c_{pi} \mathrm{d}t \tag{4-1}$$

式中 $m_i$ ——物料中各成分质量，kg/h；

$c_{pi}$ ——物料中各成分比热容，J/(kg · K)；

$T_e$ ——环境温度,℃；

$T_i$——物料温度,℃。

（2）鼓风干燥段鼓入气体所带的热量 $Q_{L2}$ 。计算方法如式（4-1）。

（3）预热一段鼓入气体所带的热量 $Q_{L3}$ 。预热一段鼓入气体即为环冷二段的烟气，计算方法如式（4-1）。

（4）预热二段鼓入气体所带的热量 $Q_{L4}$ 。预热二段鼓入气体即为回转窑的烟气，计算方法如式（4-1）。

（5）氧化亚铁氧化放出的热量 $Q_{L5}$。

$$Q_{L5} = \Delta H \times n_{FeO} \tag{4-2}$$

式中 $\Delta H$ ——FeO 摩尔反应热，$\Delta H = -119$kJ/mol；

$n_{FeO}$ ——单位时间氧化亚铁的氧化摩尔量，mol。

（6）预热二段鼓入气体燃烧产生的热量 $Q_{L6}$ 。由于回转窑的烟气中已不含可燃成分，故 $Q_{L6} = 0$。

### 4.1.2 链算机系统热量支出

（1）物料带出的热量 $Q'_{L1}$ 。物料带出的热量计算方法如式（4-1）。

（2）鼓风干燥段烟气所带走的热量 $Q'_{L2}$ 。鼓风干燥段烟气计算方法如式（4-1）。

（3）抽风干燥段与预热一段东侧排出烟气所带走的热量 $Q'_{L3}$。抽风干燥段与预热一段东侧排出烟气计算方法如式（4-1）。

（4）抽风干燥段与预热一段西侧排出烟气所带走的热量 $Q'_{L4}$。抽风干燥段与预热一段西侧排出烟气计算方法如式（4-1）。

（5）管道散热 $Q'_{L5}$。

抽风干燥段进口烟气为预热二段的出口烟气，对于整个系统而言，属于循环量，与环境能量交换为管道散热。

管道散热计算方法：

散热量（J/h）：$Q'_{L5} = 3600\pi dl(\alpha_{对流} + \alpha_{辐射})(t_w - t_f)$ （4-3）

对流换热系数： $\alpha_{对流} = Nu \dfrac{\lambda}{d}$

水平管努赛尔数： $Nu = 0.13\ (GrPr)^{\frac{1}{3}}$

竖直管努赛尔数： $Nu = 0.1\ (GrPr)^{\frac{1}{3}}$

格拉晓夫数： $Gr = \dfrac{g\alpha_v l^3 (t_w - t_f)}{\gamma^2}$

体积膨胀系数：
$$\alpha_{\mathrm{v}} = \frac{1}{273 + (t_{\mathrm{f}} + t_{\mathrm{w}})/2}$$

辐射换热系数：
$$\alpha_{辐射} = \frac{5.67\left[\left(\frac{t_{\mathrm{w}} + 273}{100}\right)^4 - \left(\frac{t_{\mathrm{f}} + 273}{100}\right)^4\right]}{t_{\mathrm{w}} - t_{\mathrm{f}}}$$

式中　$t_{\mathrm{f}}$ ——周围空气温度,℃；
$t_{\mathrm{w}}$ ——烟气管道壁温,℃；
$d$——管道外径，m；
$l$——管道长度，m。

（6）干返料带出的热量 $Q'_{\mathrm{L6}}$ 。计算方法如式（4-1）。

（7）冷却水带走的热量 $Q'_{\mathrm{L7}}$ 。

$$Q'_{\mathrm{L7}} = V'_{\mathrm{L7}} \times c'_{\mathrm{L7}} \times (T_{回} - T_{给}) \tag{4-4}$$

式中　$V'_{\mathrm{L7}}$ ——单位时间冷却水量，$\mathrm{m^3/h}$；
$T_{给}$——冷却水进水温度,℃；
$T_{回}$——冷却水出水温度,℃；
$c'_{\mathrm{L7}}$ ——冷却水比热容，$\mathrm{J/(m^3 \cdot K)}$。

（8）炉体散热 $Q'_{\mathrm{L8}}$（kJ/h）。炉墙、炉顶及端墙散热的计算公式为：

$$q_i = 3.6\alpha_i A_i (T_{\mathrm{wi}} - T_{\mathrm{e}}) \tag{4-5}$$

式中　$\alpha_i$ ——对流与辐射综合换热系数；
$A_i$ ——炉体各部分表面积，$\mathrm{m^2}$；
$T_{\mathrm{wi}}$ ——表面平均温度,℃；
$T_{\mathrm{e}}$ ——环境温度,℃。

其中对流和辐射的综合换热系数按下式确定：

$$\alpha_i = 4.5357 \times \frac{\left[\left(\frac{273 + T'_{\mathrm{wi}}}{100}\right)^4 - \left(\frac{273 + T_{\mathrm{e}}}{100}\right)^4\right]}{T'_{\mathrm{wi}} - T_{\mathrm{e}}} + 1.163 \times A(T'_{\mathrm{wi}} - T_{\mathrm{e}})^{1/4} \tag{4-6}$$

系数 $A$ 的取值为：向上散热时 $A = 2.8$；垂直散热时 $A = 2.2$；向下散热时 $A = 1.4$。

（9）生料中水分蒸发所吸收的热量 $Q'_{\mathrm{L9}}$ 。

本书计算水分蒸发吸热机理为：总吸热量包括三部分，1）球团水分由初始温度上升到100℃时吸收的热量；2）水分蒸发时的汽化潜热；3）水蒸气温度升高到出口温度时的吸热量。

（10）箅板带走的热量 $Q'_{\mathrm{L10}}$ 。

$$Q'_{\mathrm{L10}} = M'_{\mathrm{L10}}(c''_{\mathrm{L10}} T''_{\mathrm{L10}} - c'_{\mathrm{L10}} T'_{\mathrm{L10}}) \tag{4-7}$$

式中 $M'_{L10}$——链算机箅板质量，kg；

$c''_{L10}$——链算机箅板出口处的比热容，J/(kg·K)；

$T''_{L10}$——链算机箅板出口处温度，K；

$c'_{L10}$——链算机箅板入口处的比热容，J/(kg·K)；

$T'_{L10}$——链算机箅板入口处温度，K。

### 4.1.3 链算机系统热效率

根据以上各项的计算结果，可以得到：

（1）链算机系统的热效率：

$$\eta_L = \frac{\text{料球出链算机的热量} + \text{水分蒸发所需的热量} - \text{料球入链算机的热量} - \text{料球氧化放热量}}{\text{链算机热量总收入量}} \times 100\%$$

$$= \frac{Q'_{L_1} + Q'_{L9} - Q_{L1} - Q_{L5}}{\sum Q_i - Q_{L3}} \times 100\% \tag{4-8}$$

（2）链算机系统的热利用效率 $\eta'_L$：

$$\eta'_L = \frac{\text{链算机热量总收入量} - \text{烟气带走的热量}}{\text{链算机热量总收入量}} \times 100\%$$

$$= \frac{\sum Q_i - Q'_{L2} - Q'_{L3} - Q'_{L4}}{\sum Q_i} \times 100\% \tag{4-9}$$

### 4.1.4 链算机热量平衡表

为了使读者能够更加清晰明了地看到链算机系统热量的收入与支出项之间的关系，特制作表 4-1 以示之。

**表 4-1 链算机热平衡表**

| 收入热量 | | | | 支出热量 | | | |
|---|---|---|---|---|---|---|---|
| 符号 | 项 目 | $\times 10^6$kJ/h | % | 符号 | 项 目 | $\times 10^6$kJ/h | % |
| $Q_{L1}$ | 物料带进热量 | | | $Q'_{L1}$ | 物料带走热量 | | |
| $Q_{L2}$ | 鼓风干燥段鼓入气体带进的热量 | | | $Q'_{L2}$ | 鼓风干燥段烟气带走的热量 | | |
| $Q_{L3}$ | 预热一段鼓入气体带进的热量 | | | $Q'_{L3}$ | 抽风干燥段与预热一段东侧排出烟气的热量 | | |
| $Q_{L4}$ | 预热二段鼓入气体带进的热量 | | | $Q'_{L4}$ | 抽风干燥段与预热一段西侧排出烟气的热量 | | |
| $Q_{L5}$ | 氧化亚铁氧化放出的热量 | | | $Q'_{L5}$ | 管道散热 | | |

续表 4-1

| 收入热量 | | | | 支出热量 | | | |
|---|---|---|---|---|---|---|---|
| 符号 | 项　目 | $\times 10^6$kJ/h | % | 符号 | 项　目 | $\times 10^6$kJ/h | % |
| $Q_{L6}$ | 预热二段鼓入气体燃烧带进的热量 | | | $Q'_{L6}$ | 干返料带出热量 | | |
| $Q_{L7}$ | 吸风带进热量 | | | $Q'_{L7}$ | 冷却水带出热量 | | |
| | | | | $Q'_{L8}$ | 炉体散热 | | |
| | | | | $Q'_{L9}$ | 生料中水分蒸发吸收热量 | | |
| | | | | $Q'_{L10}$ | 算板带走热量 | | |
| | | | | $\Delta Q$ | 漏风及其他 | | |
| 合　计 | | | | 合　计 | | | |

## 4.2 回转窑系统的热量平衡

### 4.2.1 回转窑系统热量收入

（1）燃料燃烧热量 $Q_{h1}$。经过技术改进和创新，目前系统采用煤粉和焦炉煤气混合燃烧的方式，其燃料燃烧热量计算如下：

焦炉煤气：
$$Q_1 = Q_{DW}^{j} \times B_j \tag{4-10}$$

煤粉：
$$Q_2 = Q_{DW}^{m} \times B_m \tag{4-11}$$

式中　$Q_{DW}^{j}$—— 焦炉煤气的应用基低位发热量 $Q_{DW}^{j} = 17104.8\text{kJ/m}^3$；

$Q_{DW}^{m}$ —— 煤粉的应用基低位发热量，$Q_{DW}^{m} = 28181 \cdot 1\text{kJ/kg}$；

$$Q_{h1} = Q_1 + Q_2$$

$B_j$，$B_m$ —— 分别为焦炉煤气、煤粉的单位时间消耗量。

（2）入窑料球带入的物理热量 $Q_{h2}$。

根据球团成分，计算其带入的物理热，则：

$$Q_{h2} = \sum_{\text{各种成分}} m_i \int_{T_e}^{T_i} c_{pi}\,\mathrm{d}t \tag{4-12}$$

式中　$m_i$ ——入窑料球中各成分质量，kg；

$c_{pi}$ ——入窑料球中各成分比热容，J/(kg · K)。

（3）二次风（环冷机）带入的热量 $Q_{h3}$。根据气体成分，其带入热量计算如上。

（4）氧化亚铁燃烧放热 $Q_{h4}$。

$$Q_{h4} = \Delta H \times n_{FeO} \tag{4-13}$$

式中 $\Delta H$ ——FeO 的摩尔反应热，$\Delta H = -119\text{kJ/mol}$；

$n_{FeO}$——FeO 摩尔数，mol。

（5）助燃空气带入物理热 $Q_{h5}$。

$$Q_{h5} = q_{助燃} \times \Delta h \tag{4-14}$$

式中 $q_{助燃}$ ——单位时间助燃空气流量，$m^3/h$；

$\Delta h$ ——助燃空气焓变量，$J/m^3$。

### 4.2.2 回转窑系统热量支出

（1）熟料带出的热量 $Q'_{h1}$。根据熟料成分组成，计算方法如式（4-1）。

（2）烟气带出的热量 $Q'_{h2}$。烟气带走热量计算方法计算如式（4-1）。

（3）冷却风带走的热量 $Q'_{h3}$。窑头东冷却风带走的热量 $Q'_{h31}$：

$$\widetilde{w} = \sqrt{\frac{2 \times \mu \times p_d}{\rho}} \times \frac{273}{273 + T} \times \frac{p + p_0}{p} \tag{4-15}$$

式中 $p_0$ ——标准大气压，Pa；

$p_d$ ——气体动压，Pa；

$p$——窑头风口实际大气压力，Pa；

$\rho$ ——空气密度，$kg/m^3$。

$$V_{31} = A \times \widetilde{w}$$

其带走热量为：

$$Q'_{h31} = c_p V_{31}(T'' - T') \tag{4-16}$$

窑头西冷却风带走的热量 $Q'_{h2}$：

$$\widetilde{w} = \sqrt{\frac{2 \times \mu \times p_d}{\rho}} \times \frac{273}{273 + T} \times \frac{p + p_0}{p} \tag{4-17}$$

$$V_{32} = A \times \widetilde{w}$$

其带走热量为：

$$Q'_{h32} = c_p V_{32}(T'' - T') \tag{4-18}$$

（4）窑体表面散热量 $Q'_{h4}$（kJ/h）。窑体散热的计算公式为：

$$q'_i = 3.6\alpha'_i A_i'(T'_{wi} - T_e) \tag{4-19}$$

式中 $\alpha'_i$ ——对流和辐射综合系数；

$T'_{wi}$——窑体表面温度，℃；

$T_e$ ——环境温度，℃。

其中对流和辐射的综合换热系数按下式确定

$$\alpha'_i = 4.5357 \times \frac{\left[\left(\frac{273 + T'_{wi}}{100}\right)^4 - \left(\frac{273 + T_e}{100}\right)^4\right]}{T'_{wi} - T_e} + 1.163 \times A'(T'_{wi} - T_e)^{1/4} \tag{4-20}$$

系数 $A'$ 的取值方法为：向上散热时 $A'=2.8$；垂直散热时 $A'=2.2$。

（5）炉门辐射散热 $Q'_{h5}$(kJ/h)。

炉门辐射散热：

$$Q'_{h5} = \sum A_i \Phi_i \Delta t/60 \times 20.43\{[(273 + t_i)/100]^4 - [(273 + t_e)/100]^4\} \tag{4-21}$$

式中　$t_i$ ——炉内温度,℃；

$t_e$ ——环境温度,℃；

$A_i$ ——炉门开启面积，$m^2$；

$\Delta t$ ——1 小时内开启炉门时间，min；

$\Phi_i$ ——辐射角系数。

### 4.2.3　回转窑系统热效率

根据以上各项的计算结果，可以得到：

（1）回转窑系统的热效率 $\eta_h$。

$$\eta_h = \frac{\text{料球出窑带出的热量} - \text{料球入窑带出的热量} - \text{料球氧化放热量}}{\text{燃料燃烧放热} + \text{二次风带入热量} + \text{料球氧化放热量}} \times 100\% \tag{4-22}$$

（2）回转窑系统的热利用率 $\eta_h'$。

$$\eta_h' = \frac{\text{回转窑热量总收入量} - \text{烟气带走的热量}}{\text{回转窑热量总收入量}} \times 100\% \tag{4-23}$$

### 4.2.4　回转窑热量平衡表

为了使读者能够更加清晰明了地看到回转窑系统热量的收入与支出项之间的关系，特制作表 4-2 以示之。

表 4-2　回转窑热平衡表

| 收入热量 | | | | 支出热量 | | | |
|---|---|---|---|---|---|---|---|
| 符号 | 项　目 | $\times 10^6$ kJ/h | % | 符号 | 项　目 | $\times 10^6$ kJ/h | % |
| $Q_{h1}$ | 燃料燃烧化学热量 | | | $Q'_{h1}$ | 熟料带出的热量 | | |
| $Q_{h2}$ | 入窑料球带入的物理热量 | | | $Q'_{h2}$ | 烟气带出的热量 | | |
| $Q_{h3}$ | 二次风带入的热量 | | | $Q'_{h3}$ | 冷却风带走的热量 | | |
| $Q_{h4}$ | 氧化亚铁氧化热 | | | $Q'_{h4}$ | 窑体表面散热量 | | |
| $Q_{h5}$ | 助燃空气带入热量 | | | $Q'_{h5}$ | 炉门辐射散热 | | |
| | | | | $\Delta Q$ | 漏风及其他 | | |
| 合　计 | | | | 合　计 | | | |

## 4.3 环冷机系统的热量平衡

### 4.3.1 环冷机系统热量收入

（1）进入环冷机球团带入热量 $Q_{H1}$。根据球团成分，计算其带入热量，计算方法如式（4-1）。

（2）球团矿在环冷机内氧化放热 $Q_{H2}$。查表得到反应热，通过下式计算得到：

$$Q_{H2} = \Delta H \times n_{FeO} \tag{4-24}$$

式中 $\Delta H$——FeO 的摩尔反应热 $\Delta H = -119\text{KJ/mol}$。

（3）1 号风机带入热量 $Q_{H3}$。根据气体成分，计算带入热量，计算方法如式（4-1）。

（4）2 号风机带入热量 $Q_{H4}$。根据气体成分，计算带入热量，计算方法如式（4-1）。

（5）3 号风机带入热量 $Q_{H5}$。根据气体成分，计算带入热量，计算方法如式（4-1）。

### 4.3.2 环冷机系统热量支出

（1）一冷段排出烟气带走的热量 $Q'_{H1}$。根据排出烟气成分计算其带出热量，计算方法如式（4-1）。

（2）二冷段排出烟气带走的热量 $Q'_{H2}$。环冷二段排出的烟气即为进入链箅机预热一段的气体，因此，环冷二段排出烟气带走的热量为进入链箅机预热一段气体带入的热量加上输送过程的管道损失，进入预热一段气体带入的热量用链箅机部分的计算结果，管道损失见下面计算，则

$$Q'_{H2} = Q_{L4} + Q'_{H2损} \tag{4-25}$$

（3）三冷段排出气体带走热量 $Q'_{H3}$。环冷三段排出烟气即为进入链箅机鼓风干燥段的气体，因此，环冷三段排出烟气带走的热量为进入链箅机鼓风干燥段气体带入的热量加上输送过程的管道损失，计算时进入鼓风干燥段气体带入的热量用链箅机部分的计算结果，管道损失见下面计算，则

$$Q'_{H3} = Q_{L2} + Q'_{H3损} \tag{4-26}$$

（4）四冷段放空的气体带走热量 $Q'_{H4}$。根据排出烟气成分计算其带出热量，计算方法如式（4-1）。

（5）出料球团带出热量 $Q'_{H5}$。根据出料球团成分计算其带出热量，计算方法如式（4-1）。

（6）环冷机隔墙风冷带出热量 $Q'_{H6}$。环冷机隔墙风出口流速计算公式如下：

$$w = \sqrt{\frac{2 \times \mu \times p_d}{\rho}} \times \frac{p + p_0}{p} \times \frac{273}{273 + T} \tag{4-27}$$

隔墙风体积计算公式如下：

$$V'_{H6} = \frac{\pi}{4} d^2 \times w \times 3600 \tag{4-28}$$

式中 $p_d$——气体动压，Pa；

$d$——被测管内径，m；

$\rho$——气体在测量条件下的密度，$kg/m^3$；

$\mu$——皮脱系数。

按下式计算隔墙风带走的热量，

$$Q'_{H6} = V'_{H6} \times (T'_{H6} \times c'_{H6} - T'_{eH6} \times c'_{eH6}) \tag{4-29}$$

式中 $V'_{H6}$——隔墙冷却风体积流量，$m^3/h$；

$T'_{H6}$——隔墙冷却风出口温度,℃；

$T'_{eH6}$——隔墙冷却风入口温度,℃；

$c'_{eH6}$——进口冷却风的比热容，kJ/(kg·℃)；

$c'_{H6}$——出口冷却风的比热容，kJ/(kg·℃)。

（7）环冷机固定筛高端水冷带出热量 $Q'_{H7}$。

环冷机固定筛高端水冷带出热量计算公式如下：

$$Q'_{H7} = V'_{H7} \times (T'_{H7} \times c'_{H7} - T_{H7} \times c_{H7}) \tag{4-30}$$

式中 $V'_{H7}$——固定筛高端水流量，$m^3/h$；

$T_{H7}$——冷却水进口温度,℃；

$T'_{H7}$——冷却水出口温度,℃；

$c_{H7}$——进口冷却水的比热容，kJ/(kg·℃)；

$c'_{H7}$——出口冷却水的比热容，kJ/(kg·℃)。

（8）环冷机固定筛低端水冷带出热量 $Q'_{H8}$。环冷机固定筛低端水冷带出热量计算公式如下：

$$Q'_{H8} = V'_{H8} \times (T'_{H8} \times c'_{H8} - T_{H8} \times c_{H8}) \tag{4-31}$$

式中 $V'_{H8}$——固定筛低端水流量，$m^3/h$；

$T_{H8}$——冷却水进口温度,℃；

$T'_{H8}$——冷却水出口温度,℃；

$c_{H8}$——进口冷却水的比热容，kJ/(kg·℃)；

$c'_{H8}$——出口冷却水的比热容，kJ/(kg·℃)。

（9）环冷机平料托冷却水带出热量 $Q'_{H9}$。环冷机平料托冷却水带出热量计算公式如下：

$$Q'_{H9} = V'_{H9} \times (T'_{H9} \times c'_{H9} - T_{H9} \times c_{H9}) \tag{4-32}$$

式中 $V'_{H9}$ ——平料托冷却水的流量，$m^3/h$；

$T_{H9}$ ——冷却水进口温度，℃；

$T'_{H9}$ ——冷却水出口温度，℃；

$c_{H9}$ ——进口冷却水的比热，kJ/(kg · ℃)；

$c'_{H9}$ ——出口冷却水的比热，kJ/(kg · ℃)。

（10）环冷机受料斗隔墙风冷带出热量 $Q'_{H10}$。

$$Q'_{H10} = V'_{H10} \times (T'_{H10} \times c'_{H10} - T_{H10} \times c_{H10}) \tag{4-33}$$

式中 $V'_{H10}$ ——环冷机受料斗隔墙风流量，$m^3/h$；

$T_{H10}$ ——冷却风进口温度，℃；

$T'_{H10}$ ——冷却风出口温度，℃；

$c_{H10}$ ——进口冷却风的比热容，kJ/(kg · ℃)；

$c'_{H10}$ —— 出口冷却风的比热容，kJ/(kg · ℃)。

（11）固定筛条冷却水带出的热量 $Q'_{H11}$。固定筛条冷却水带出的热量计算如下：

$$Q'_{H11} = V'_{H11} \times (T'_{H11} \times c'_{H11} - T_{H11} \times c_{H11}) \tag{4-34}$$

式中 $V'_{H11}$ ——固定筛条冷却水流量，$m^3/h$；

$T_{H11}$ ——冷却水进口温度，℃；

$T'_{H11}$ ——冷却水出口温度，℃；

$c_{H11}$ ——进口冷却水的比热容，kJ/(kg · ℃)；

$c'_{H11}$ ——出口冷却水的比热容，kJ/(kg · ℃)。

（12）环冷机向外散失热量 $Q'_{H12}$

1）环冷机 1 段向外散失热量 $\Delta Q_{S1}$ (kJ/h)。

$$\Delta Q_{S1} = \sum q_{i1} \tag{4-35}$$

环冷 1 段炉墙、炉顶及端墙散热 $\sum q_{i1}$ (kJ/h)：

$$\sum q_{i1} = \sum 3.6\alpha_{i1} A_{i1} (T_{wi1} - T_e) \tag{4-36}$$

式中 $T_{wi1}$ ——环冷 1 段炉墙、炉顶或端墙外表面温度，℃（现场分别测量炉墙、炉顶或端墙外表面温度）；

$T_e$ ——环境温度，℃；

$\alpha_{i1}$ ——环冷 1 段对流和辐射的综合换热系数，W/($m^2$ · ℃)；

$A_{i1}$ ——环冷 1 段炉墙、炉顶或端墙面积，$m^2$。

其中 $\alpha_{i1}$ [W/($m^2$ · ℃)] 按下式确定：

$$\alpha_{i1} = 4.5357\{[(273 + T_{wi1})/100]^4 - [(273 + T_e)/100]^4\}/(T_{wi1} - T_e) + 1.163A(T_{wi1} - T_e)^{1/4} \tag{4-37}$$

系数 $A$ 的取值方法为：向上散热时 $A=2.8$；垂直散热时 $A=2.2$；向下散热时 $A=1.4$。

2）环冷 2 段炉墙、炉顶及端墙散热 $\sum q_{i2}$（kJ/h）：

$$\sum q_{i2} = \sum 3.6\alpha_{i2}A_{i2}(T_{wi2} - T_e) \tag{4-38}$$

式中　$T_{wi2}$——环冷 2 段炉墙、炉顶或端墙外表面温度,℃（现场分别测量炉墙、炉顶或端墙外表面温度）；

$T_e$——环境温度,℃；

$\alpha_{i2}$——环冷 2 段对流和辐射的综合换热系数，W/(m²·℃)；

$A_{i2}$——环冷 2 段炉墙、炉顶或端墙面积，m²。

其中对流和辐射的综合换热系数 $\alpha_{iz}$(W/(m²·℃)) 按下式确定：

$$\alpha_{i2} = 4.5357\{[(273 + T_{wi2})/100]^4 - [(273 + T_e)/100]^4\}/(T_{wi2} - T_e) + 1.163A(T_{wi2} - T_e)^{1/4} \tag{4-39}$$

系数 $A$ 的取值方法为：向上散热时 $A=2.8$；垂直散热时 $A=2.2$；向下散热时 $A=1.4$。

3）环冷机 3 段、4 段向外散失热量 $\Delta Q_{S3}$、$\Delta Q_{S4}$（kJ/h）：

$$\Delta Q_{S3} = \sum q_{i3} + q_{d3},\ \Delta Q_{S4} = \sum q_{i4} + q_{d4} \tag{4-40}$$

环冷 3 段、4 段炉墙、炉顶及端墙散热 $\sum q_{i3}$、$\sum q_{i4}$（kJ/h）：

$$\sum q_{i3} = \sum 3.6\alpha_{i3}A_{i3}(T_{wi3} - T_e)$$

$$\sum q_{i4} = \sum 3.6\alpha_{i4}A_{i4}(T_{wi4} - T_e) \tag{4-41}$$

式中　$T_{wi3}$——环冷 3 段炉墙、炉顶或端墙外表面温度,℃（现场分别测量炉墙、炉顶或端墙外表面温度）；

$T_e$——环境温度,℃；

$\alpha_{i3}$——环冷 3 段对流和辐射的综合换热系数，W/(m²·℃)；

$A_{i3}$——环冷 3 段炉墙、炉顶或端墙面积，m²。

其中对流和辐射的综合换热系数 $\alpha_{i3}$（W/(m²·℃)）按下式确定：

$$\alpha_{i3} = 4.5357\{[(273 + T_{wi3})/100)]^4 - [(273 + T_e)/100]^4\}/(T_{wi3} - T_e) + 1.163A(T_{wi3} - T_e)^{1/4} \tag{4-42}$$

式中　$T_{wi3}$——环冷 4 段炉墙及端墙外表面温度,℃（现场分别测量炉墙、炉顶或端墙外表面温度）；

$T_e$ ——环境温度，℃；

$\alpha_{i4}$ ——环冷 4 段对流和辐射的综合换热系数，W/(m$^2$ · ℃)；

$A_{i4}$ ——环冷 4 段炉墙及端墙面积，m$^2$。

其中对流和辐射的综合换热系数 $\alpha_{i4}$（W/(m$^2$ · ℃)）按下式确定

$$\alpha_{i4} = 4.5357\{[(273 + T_{wi4})/100]^4 - [(273 + T_e)/100]^4\}/(T_{wi4} - T_e) + 1.163A(T_{wi4} - T_e)^{1/4} \tag{4-43}$$

系数 $A$ 的取值方法为：向上散热时 $A=2.8$；垂直散热时 $A=2.2$；向下散热时 $A=1.4$。

（13）管道散热损失 $Q'_{H13}$。管道散热计算方法如下：

$$Q'_{H13} = 3600\pi dl(\alpha_{对流} + \alpha_{辐射})(T_w - T_f) \tag{4-44}$$

水平圆管对流换热系数：$\alpha_{对流} = Nu\dfrac{\lambda}{d}$

式中 $d$——管道外径，m；

$l$——管道长度，m；

$T_f$ ——周围空气温度，℃；

$T_w$ ——烟气管道温度，℃。

水平管努赛尔数： $Nu = 0.13(GrPr)^{\frac{1}{3}}$

格拉晓夫数： $Gr = \dfrac{g\alpha_v l^3(T_w - T_f)}{\gamma^2}$

体积膨胀系数： $\alpha_v = \dfrac{1}{273 + (T_f + T_w)/2}$

辐射换热系数： $\alpha_{辐射} = \dfrac{5.67\left[\left(\dfrac{T_w + 273}{100}\right)^4 - \left(\dfrac{T_f + 273}{100}\right)^4\right]}{T_w - T_f}$

### 4.3.3 环冷机系统热效率

根据以上各项的计算结果，可以得到环冷机的热效率：

$$\eta_H = \frac{回收利用的热量}{总热量收入} = \frac{\sum Q_{回收利用}}{\sum Q_{收入}} \tag{4-45}$$

### 4.3.4 环冷机系统热量平衡表

为了使读者能够更加清晰明了地看到环冷机系统热量的收入与支出项之间的

关系，特制作表4-3以示之。

**表4-3 环冷机热平衡表**

| 热收入项 | | | | 热支出项 | | | |
|---|---|---|---|---|---|---|---|
| 符号 | 项 目 | $\times10^6$ kJ/h | % | 符号 | 项 目 | $\times10^6$ kJ/h | % |
| $Q_{H1}$ | 料球带入热量 | | | $Q'_{H1}$ | 环冷一段排气带出热量 | | |
| $Q_{H2}$ | 料球氧化放热 | | | $Q'_{H2}$ | 环冷二段排气带出热量 | | |
| $Q_{H3}$ | 1号风机带入热量 | | | $Q'_{H3}$ | 环冷三段排气带出热量 | | |
| $Q_{H4}$ | 2号风机带入热量 | | | $Q'_{H4}$ | 环冷四段放空带出热量 | | |
| $Q_{H5}$ | 3号风机带入热量 | | | $Q'_{H5}$ | 出料带出热量 | | |
| | | | | $Q'_{H6}$ | 环冷机隔墙风冷带出热量 | | |
| | | | | $Q'_{H7}$ | 环冷机固定筛高端水带出热量 | | |
| | | | | $Q'_{H8}$ | 环冷机固定筛低端水带出热量 | | |
| | | | | $Q'_{H9}$ | 平料托冷却水带出热量 | | |
| | | | | $Q'_{H10}$ | 受料斗隔墙风冷带出热量 | | |
| | | | | $Q'_{H11}$ | 固定筛条冷却水带出热量 | | |
| | | | | $Q'_{H12}$ | 环冷机向外散失热量 | | |
| | | | | $Q'_{H13}$ | 管道散失热量 | | |
| | | | | | 其他热量 | | |
| 合 计 | | | | 合 计 | | | |

# 5 链算机-回转窑-环冷机系统㶲平衡

## 5.1 链箅机系统的㶲平衡

### 5.1.1 进入链箅机系统㶲值

（1）物料带入的㶲值 $Ex_{L1}$。根据球团成分查得入链箅机物料的比热容，㶲值计算公式如下：

$$Ex_{L1} = Mc(T - T_e)\left(1 - \frac{T_e}{T - T_e}\ln\frac{T}{T_e}\right) \tag{5-1}$$

式中 $M$——单位时间进入系统物料质量，kg/h；

$c$——物料平均比热容，kJ/(kg · K)；

$T$——物料平均温度，K；

$T_e$——环境平均温度，K。

（2）鼓风干燥段鼓入气体所带的㶲值 $Ex_{L2}$。

根据气体成分查得此温度下气体的比热容，㶲值计算公式如下：

$$Ex_{L2} = Vc(T - T_e)\left(1 - \frac{T_e}{T - T_e}\ln\frac{T}{T_e}\right) \tag{5-2}$$

式中 $V$——鼓风干燥段单位时间鼓入气体体积，$m^3/h$；

$c$——物料平均比热容，kJ/(kg · K)；

$T$——物料平均温度，K；

$T_e$——环境平均温度，K。

（3）预热一段鼓入气体所带的㶲值 $Ex_{L3}$。计算公式如式（5-2）。

（4）预热二段鼓入气体所带的㶲值 $Ex_{L4}$。计算公式如式（5-2）。

（5）氧化亚铁氧化放热带入的㶲值 $Ex_{L5}$。

$$Ex_{L5} = \Delta G^{\ominus} \times \Delta[FeO] \tag{5-3}$$

式中 $\Delta[FeO]$——氧化亚铁的变化量，mol/h；

$\Delta G^{\ominus}$——反应 $4FeO+O_2 = 2Fe_2O_3$ 的㶲变。

（6）箅板带入的㶲值 $Ex_{L6}$。计算公式如式（5-1）。

### 5.1.2 离开链箅机系统㶲值及㶲损

（1）物料带出的㶲值 $Ex'_{L1}$。计算公式如式（5-1）。

（2）鼓风干燥段排出烟气带走的㶲值 $Ex'_{L2}$。计算公式如式（5-2）。

（3）抽风与预热一段东侧排出烟气带走的㶲值 $Ex'_{L3}$。计算公式如式（5-2）。

（4）抽风与预热一段西侧排出烟气带走的㶲值 $Ex'_{L4}$。计算公式如式（5-2）。

（5）预热二段烟气在系统管道内损失的㶲值 $Ex'_{L5}$。根据链箅机的工作过程可知，链箅机抽风干燥段鼓入的气体是预热二段的烟气，忽略漏气损失，可以知道这一过程的能量是守恒的，但存在㶲损失。根据下式可以计算管道传输过程的㶲损失。

$$Ex'_{L5} = Q\left(1 - \frac{T}{T_e}\right) \tag{5-4}$$

式中 $Q$——单位时间管道散热损失，J/h；

$T$——管道平均温度，K；

$T_e$——环境温度，K。

（6）干返料所带的㶲值 $Ex'_{L6}$。

由于链箅机各段均有干返料，故干返料的温度和成分均按各段的平均值计算。计算公式如式（5-1）。

（7）炉体散热损失的㶲值 $Ex'_{L7}$。计算公式如式（5-4）。

（8）生料中水分蒸发所消耗的㶲值 $Ex'_{L8}$。

$$Ex'_{L8} = m\gamma\left(1 - \frac{T_e}{T}\right) \tag{5-5}$$

式中 $m$——生球水分蒸发量，kg/h；

$\gamma$——水的汽化潜热，kJ/kg；

$T$——管道平均温度，K；

$T_e$——环境温度，K。

（9）箅板带走的㶲值 $Ex'_{L9}$。计算公式如式（5-1）。

（10）鼓风干燥过程中的传热㶲损失 $Ex'_{L10}$。鼓风干燥过程中，存在一定的温差，因此该传热过程是不可逆过程。

$$Ex'_{L10} = QT_0\left(\frac{1}{T_W} - \frac{1}{T_H}\right) \tag{5-6}$$

式中 $Q$——预热一段散热量，J/h；

$T_0$——环境温度，K；

$T_W$——物料平均温度，K；

$T_H$——气体平均温度，K。

（11）抽风干燥过程中的传热㶲损失 $Ex'_{L11}$。计算公式如式（5-6）。

（12）预热一段传热㶲损失 $Ex'_{L12}$。计算公式如式（5-6）。

（13）预热二段传热㶲损失 $Ex'_{L13}$。计算公式如式（5-6）。

（14）链算机吸风混合㶲损失 $Ex'_{L14}$。链算机的预热二段有很大的吸风量，由于吸入的冷风与热烟气混合而造成大量的㶲损失。

在链算机预热二段没有吸风的烟气所含㶲值为：

$$Ex'_{L14a} = Vc(T - T_e)\left(1 - \frac{T_e}{T - T_e}\ln\frac{T}{T_e}\right) \tag{5-7}$$

链算机吸风之后东侧混合烟气所含㶲值为：

$$Ex'_{L14ab} = Vc(T - T_e)\left(1 - \frac{T_e}{T - T_e}\ln\frac{T}{T_e}\right) \tag{5-8}$$

链算机吸风之后西侧混合烟气所含㶲值为：

$$Ex'_{L14c} = Vc(T - T_e)\left(1 - \frac{T_e}{T - T_e}\ln\frac{T}{T_e}\right) \tag{5-9}$$

根据㶲平衡方程可知：

$$Ex'_{L14} = Ex'_{L14a} - (Ex'_{L14b} + Ex'_{L14c}) \tag{5-10}$$

### 5.1.3 链算机系统㶲效率

根据㶲效率的定义，回转窑系统的㶲效率计算如下：

$$\eta = \frac{\text{物料带出的㶲} - \text{物料带入的㶲} + \text{生料中水分蒸发所耗的㶲}}{\text{进入系统的总㶲}} \tag{5-11}$$

### 5.1.4 链算机系统㶲平衡表

为了使读者能够更加清晰明了地看到链算机㶲量的收入与支出项之间的关系，特制作表5-1以示之。

表 5-1 链算机系统㶲平衡表

| 收入项 | | | | 支出项 | | | |
|---|---|---|---|---|---|---|---|
| 符号 | 项目 | ×10⁶ kJ/h | % | 符号 | 项目 | ×10⁶ kJ/h | % |
| $Ex_{L1}$ | 物料带入的㶲值 | | | $Ex'_{L1}$ | 物料带出㶲值 | | |
| $Ex_{L2}$ | 鼓风干燥段鼓入气体所带㶲值 | | | $Ex'_{L2}$ | 鼓风干燥段排出烟气所带走㶲值 | | |
| $Ex_{L3}$ | 预热一段鼓入气体所带的㶲值 | | | $Ex'_{L3}$ | 抽风干燥段与预热一段东侧排出烟气所带走的㶲值 | | |
| $Ex_{L4}$ | 预热二段鼓入气体所带的㶲值 | | | $Ex'_{L4}$ | 抽风干燥段与预热一段西侧排出烟气所带走的㶲值 | | |

续表 5-1

| 收入项 | | | | 支出项 | | | |
|---|---|---|---|---|---|---|---|
| 符号 | 项　目 | $\times10^6$ kJ/h | % | 符号 | 项　目 | $\times10^6$ kJ/h | % |
| $Ex_{L5}$ | 氧化亚铁氧化放出的㶲值 | | | $Ex'_{L5}$ | 预热二段烟气在系统管道内损失的㶲值 | | |
| $Ex_{L6}$ | 箅板带入㶲值 | | | $Ex'_{L6}$ | 干返料的㶲值 | | |
| | | | | $Ex'_{L7}$ | 炉体散热损失的㶲值 | | |
| | | | | $Ex'_{L8}$ | 生料中水分蒸发所消耗㶲值 | | |
| | | | | $Ex'_{L9}$ | 箅板带出㶲值 | | |
| | | | | $Ex'_{L10}$ | 鼓风干燥段传热㶲损失 | | |
| | | | | $Ex'_{L11}$ | 抽风干燥段传热㶲损失 | | |
| | | | | $Ex'_{L12}$ | 预热一段传热㶲损失 | | |
| | | | | $Ex'_{L13}$ | 预热二段传热㶲损失 | | |
| | | | | $Ex'_{L14}$ | 吸风混合㶲损失 | | |
| | | | | $Ex'_{L15}$ | 其他㶲损失 | | |
| 合　计 | | | | 合　计 | | | |

## 5.2　回转窑系统的㶲平衡

### 5.2.1　进入回转窑系统㶲值

（1）燃料的化学㶲$Ex_{H1}$。根据《能量转换与利用》一书的有关介绍，国标GB/T 14909 建议采用郎特（Rant）的近似公式：

对气体燃料：
$$Ex_h=(0.95Q_{gw})\times B \tag{5-12}$$

对固体燃料：
$$Ex_h=(Q_{aw}+2438\omega)\times B \tag{5-13}$$

式中　$Q_{gw}$——燃料的高位发热值，kJ/kg；

$\omega$——固体燃料中水含量，%；

$B$——单位时间系统燃料消耗量；

2348——水的汽化潜热，kJ/kg。

（2）入窑物料带入的㶲值 $Ex_{H2}$。

假定物料由链箅机到回转窑入口的过程中没有㶲损失，则：

$$Ex_{H2} = Ex'_{L1}$$

（3）二次风带入的㶲值 $Ex_{H3}$。

根据链-回-环系统气体利用方式，回转窑的二次风就是环冷机的一冷段排出的烟气，根据环冷机处数据计算。

（4）氧化亚铁氧化放热带入的㶲值 $Ex_{H4}$。计算公式如式（5-3）。

### 5.2.2 离开回转窑系统㶲值及㶲损

（1）物料带出的㶲值 $Ex'_{H1}$。计算公式如式（5-1）。

（2）烟气带出的㶲值 $Ex'_{H2}$。由于回转窑的烟气全部进入链箅机，作为链箅机预热二段的热源，则根据链箅机系统的相关计算得 $Ex'_{H2} = Ex_{L4}$。

（3）窑体散热损失㶲值 $Ex'_{H3}$。计算公式如式（5-4）。

（4）传热过程的㶲损失 $Ex'_{H4}$。在回转窑烟气与物料传热过程中，存在一定的温差，因此该传热过程是不可逆过程，计算公式如式（5-6）。

（5）燃烧过程㶲损失 $Ex'_{H5}$。根据热力学的有关知识，在燃料燃烧过程中，存在着燃烧㶲损失。根据燃料的燃烧过程的㶲平衡关系式

$$Ex_f^{\ominus} + Ex_a^{\ominus} = Ex_g^{\ominus} + Ex^{\ominus} + I \tag{5-14}$$

式中 $Ex_f^{\ominus}$ ——燃料带入的㶲，kJ/h；

$Ex_a^{\ominus}$ ——空气带入的㶲，kJ/h；

$Ex_g^{\ominus}$ ——烟气带出的㶲，kJ/h；

$Ex^{\ominus}$ ——系统利用的㶲，kJ/h。

燃烧过程㶲损失 $Ex'_{H5} = I$。

### 5.2.3 回转窑系统㶲效率

根据㶲效率的定义，回转窑系统的㶲效率计算如下：

$$\eta = \frac{出窑物料带出的㶲 - 入窑物料带入的㶲}{进入系统的总㶲} \tag{5-15}$$

### 5.2.4 回转窑系统㶲平衡表

为了使读者能够更加清晰明了地看到回转窑㶲量的收入与支出项之间的关系，特制作表5-2以示之。

表5-2 回转窑系统㶲平衡表

| 收入项 | | | | 支出项 | | | |
|---|---|---|---|---|---|---|---|
| 符号 | 项目 | $\times10^6$ kJ/h | % | 符号 | 项目 | $\times10^6$ kJ/h | % |
| $Ex_{H1}$ | 燃料的化学㶲 | | | $Ex'_{H1}$ | 出窑物料带出的㶲值 | | |

续表 5-2

| 收入项 | | | | 支出项 | | | |
|---|---|---|---|---|---|---|---|
| 符号 | 项目 | $\times10^6$ kJ/h | % | 符号 | 项目 | $\times10^6$ kJ/h | % |
| $Ex_{H2}$ | 入窑物料带入的㶲值 | | | $Ex'_{H2}$ | 烟气带出㶲值 | | |
| $Ex_{H3}$ | 回转窑二次风带入的㶲值 | | | $Ex'_{H3}$ | 回转窑炉体表面散失的㶲值 | | |
| $Ex_{H4}$ | 氧化亚铁氧化放出的㶲值 | | | $Ex'_{H4}$ | 传热过程的㶲损失 | | |
| | | | | $Ex'_{H5}$ | 燃烧过程㶲损失 | | |
| | | | | $Ex'_{H6}$ | 其他㶲损失 | | |
| 合计 | | | | 合计 | | | |

## 5.3 环冷机系统的㶲平衡

### 5.3.1 进入环冷机系统㶲值

（1）进入环冷机物料带入的㶲值 $Ex_{h1}$。

根据能量守恒原理，假定物料由回转窑到环冷机入口的过程中没有㶲损失，则 $Ex_{h1} = Ex'_{H1}$。

（2）氧化亚铁氧化放热带入的㶲值 $Ex_{h2}$。计算公式如式（5-3）。

### 5.3.2 离开环冷机系统㶲值及㶲损

（1）一冷段排出气体所带的㶲值 $Ex'_{h1}$。由于环冷机一冷段排出的气体作为回转窑部分的二次风，所以根据回转窑的相关计算得：$Ex'_{h1} = Ex_{H3}$。

（2）从二冷段排出气体所带的㶲值 $Ex'_{h2}$。计算公式如式（5-2）。

（3）从三冷段排出气体所带的㶲值 $Ex'_{h3}$。由于环冷机三冷段排出的气体作为链箅机部分鼓风干燥的热风，所以根据链箅机的相关计算得 $Ex'_{h3} = Ex_{L2}$。

（4）一冷段传热过程㶲损失 $Ex'_{h4}$。在一冷段传热过程中，存在一定的温差，因此该传热过程是不可逆过程。

$$Ex'_{h5} = QT_0\left(\frac{1}{T_W} - \frac{1}{T_H}\right) \tag{5-16}$$

式中 $Q$——单位时间热损失，kJ/h；

$T_0$——环境温度，K；

$T_W$——物料平均温度，K；

$T_H$——气体平均温度，K。

（5）二冷段传热过程㶲损失 $Ex'_{h5}$。在二冷段传热过程中，存在一定的温差，因此该传热过程是不可逆过程。计算公式如式（5-16）。

（6）三冷段传热过程㶲损失 $Ex'_{h6}$。在三冷段传热过程中，存在一定的温差，因此该传热过程是不可逆过程。计算公式如式（5-16）。

（7）四冷段传热过程㶲损失 $Ex'_{h7}$。在四冷段传热过程中，存在一定的温差，因此该传热过程是不可逆过程。计算公式如式（5-16）。

### 5.3.3 环冷机系统㶲效率

根据㶲效率的定义，环冷机系统的㶲效率计算如下：

$$\eta=\frac{\text{一冷排出气体所带的㶲}+\text{二冷排出气体所带的㶲}+\text{三冷排出气体所带的㶲}}{\text{进入系统的总㶲}} \tag{5-17}$$

### 5.3.4 环冷机系统㶲平衡表

为了使读者能够更加清晰明了地看到环冷机㶲量的收入与支出项之间的关系，特制作表5-3以示之。

表5-3 环冷机系统㶲平衡表

| 收入项 | | | | 支出项 | | | |
|---|---|---|---|---|---|---|---|
| 符号 | 项目 | ×10⁶ kJ/h | % | 符号 | 项目 | ×10⁶ kJ/h | % |
| $Ex_{h1}$ | 进入环冷机物料带入的㶲值 | | | $Ex'_{h1}$ | 一冷排出气体所带㶲值 | | |
| $Ex_{h2}$ | 氧化亚铁氧化放出的㶲值 | | | $Ex'_{h2}$ | 二冷排出气体所带㶲值 | | |
| | | | | $Ex'_{h3}$ | 三冷排出气体所带㶲值 | | |
| | | | | $Ex'_{h4}$ | 一冷段传热㶲损失 | | |
| | | | | $Ex'_{h5}$ | 二冷段传热㶲损失 | | |
| | | | | $Ex'_{h6}$ | 三冷段传热㶲损失 | | |
| | | | | $Ex'_{h7}$ | 四冷段传热㶲损失 | | |
| | | | | $Ex'_{h8}$ | 其他㶲损失 | | |
| 合计 | | | | 合计 | | | |

# 6 链箅机-回转窑-环冷机系统质量、热量、㶲平衡计算及分析

北京科技大学与某钢铁企业联合，投入了大量的人力和物力，对正常生产的链箅机-回转窑-环冷机系统（以下简称 GKC 系统）进行了热工测试，填补了国内对 GKC 系统缺乏全面测试的空白。

通过对 GKC 系统进行的全面热诊断测试、计算和分析研究，深入地了解了 GKC 系统各装置的工艺过程参数；研究和确定了各个热设备的热利用率等热工参数；分析实际生产中存在的问题，并为制定相应的改进措施，优化链箅机-回转窑系统操作过程提供可靠的依据。具体做法有以下几点：

（1）了解 GKC 系统的生产运行状况；

（2）了解 GKC 系统中回转窑内的燃料燃烧情况；

（3）了解 GKC 系统各项热收入和热支出情况；

（4）了解系统热能有效利用效率和余能回收利用水平；

（5）对测试和计算结果进行详细的分析和研究，再结合 GKC 系统的热工操作、炉型结构和生产管理等方面的具体情况，对 GKC 系统的实际工作状况作出全面科学的评价，总结出先进节能经验，以便推广；

（6）找出 GKC 系统的不足之处，提出进一步节能改造的措施，为进一步提高生产技术水平提供可靠的科学依据。

测试后近一年，该钢铁公司根据热工测试结果对该系统进行了多项技术改造，主要包括以下几方面：

（1）对冷却水系统进行了优化改造；

（2）对三台风机的运行进行了优化；

（3）对球团水分进行控制；

（4）对箅板进行了改进，便于在线维护；

（5）对燃烧系统进行了改造，主烧焦炉煤气，辅以粉煤等。

经过上述技术改造以及改进热工操作，该 GKC 系统的燃烧、热工状况得到了较大改善，主要技术经济指标得到改善，部分指标达到国内领先水平。

# 6.1 链算机系统的质量、热量、㶲平衡计算

## 6.1.1 链算机系统质量平衡计算

### 6.1.1.1 链算机的主要技术参数

生球的干燥和预热是在链算机上完成的。链算机主要技术参数如表6-1所示。

表6-1 链算机的主要技术参数

| 总有效面积/$m^2$ | | | 225/252 | | |
|---|---|---|---|---|---|
| 规格/m×m | | | B4.5×50/56 | | |
| 台时产量/$t \cdot h^{-1}$ | | | 252.5/272.29 | | |
| 生球布料厚度/mm | | | 200/222.05 | | |
| 机速/$m \cdot min^{-1}$ | | | 2.51/2.68 | | |
| 利用系数/$t \cdot (m^2 \cdot d)^{-1}$ | | | 26.93/25.93 | | |
| 段位 | 长度/m | 有效面积/$m^2$ | 风温/℃ | 风速/$m \cdot s^{-1}$ | 停留时间/min |
| 鼓风干燥段 | 8 | 36 | 200 | 2.16 | 3.3/2.99 |
| 抽风干燥段 | 12/15 | 54/67.5 | 350 | 1.8 | 5/5.60 |
| 预热一段 | 9/12 | 40.5/54 | 700 | 1.37 | 3.75/4.48 |
| 预热二段 | 21 | 94.5 | 1080 | 1.76 | 8.75/7.84 |

注：斜杠前为设计值，斜杠后为实际值。

### 6.1.1.2 链算机物料收入项

（1）进链算机物料的质量 $G_1$。经现场测定和计算得（公式（3-2））：

$$G_1 = 333.91\text{t/h}$$

（2）鼓风干燥段鼓入气体的质量 $G_2$。经计算得鼓风干燥段鼓入气体的流量为 $V_2 = 305519.2\text{m}^3/\text{h}$，实际烟气体密度 $\rho_2 = 0.645262\text{m}^3/\text{kg}$，则根据公式（3-3）：

$$G_2 = V_2\rho_2 = 305519.2 \times 0.645262 = 197.14\text{t/h}$$

（3）抽风干燥段鼓入气体的质量 $G_3$。抽风干燥段鼓入气体即为预热二段烟气，为系统循环量。

（4）预热一段鼓入气体的质量 $G_4$。预热一段鼓入气体即为环冷二段烟气，根据环冷机处计算得（见式（3-4））：

$$G_4 = G_{2L} = 116.32\text{t/h}$$

（5）预热二段鼓入气体的质量 $G_5$。预热二段鼓入气体即为回转窑烟气，根

据回转窑处计算得（见式（3-5））：

$$G_5 = G'_{2h} = 100.05\text{t/h}$$

（6）预热二段吸风的质量 $G_6$。同样，通过上述方法计算得：预热二段出口烟气流量为（见式（3-6））：

$$G_{\text{PHII出口(E)}} = 170.43\text{t/h}$$

$$G_{\text{PHII出口(W)}} = 166.73\text{t/h}$$

假设预热二段和预热一段无窜风现象，对预热二段列质量平衡方程

$$G_5 + G_6 = G_{\text{PHII出口(E)}} + G_{\text{PHII出口(W)}}$$

得 $G_6 = 237.11\text{t/h}$。

#### 6.1.1.3 物料支出项计算

（1）物料带出的质量 $G'_1$。根据回转窑物料入口处反算

$$G'_1 = 308.96\text{t/h}$$

（2）鼓风干燥段烟气的质量 $G'_2$。通过计算可知鼓风干燥段烟气的流量为 31743.52m³/h，温度为 120℃，根据气体成分查表得实际烟气密度 $\rho'_2 = 0.894542\text{kg/m}^3$，则（见式（3-7））：

$$G'_2 = V'_2\rho'_2 = 31743.52 \times 0.894542 = 28.40\text{t/h}$$

（3）抽风干燥段与预热一段东侧排出烟气的质量 $G'_3$。经计算可知抽风干燥段与预热一段东侧排出烟气的流量为 387655.9m³/h，温度为 144.56℃，根据气体成分查表得实际烟气密度 $\rho'_3 = 0.862412\text{kg/m}^3$，则（见式（3-8））：

$$G'_3 = V'_3\rho'_3 = 387655.9 \times 0.862412 = 334.32\text{t/h}$$

（4）抽风干燥段与预热一段西侧排出烟气的质量 $G'_4$。经计算可知抽风干燥段与预热一段西侧排出烟气的流量为 429675.79m³/h，根据气体成分查表得实际烟气密度 $\rho'_4 = 0.882021\text{kg/m}^3$，则（见式（3-9））：

$$G'_4 = V'_4\rho'_4 = 429675.79 \times 0.882021 = 378.97\text{t/h}$$

（5）预热二段烟气的质量 $G'_5$。预热二段烟气量为系统循环量。

（6）干返料的质量 $G'_6$。据经验和现场测定干返料为 5t/h。

（7）多管除尘中除去的飞灰的质量 $G'_7$（见式（3-10））。

$$G'_7 = \text{飞灰含量} \times V'_7$$
$$= 2.23\text{t/h}$$

（8）漏风及其他 $\Delta G$。物料各项收入总和与已测支出各项总和之差即为差值 $\Delta G$（见式（3-11））。

根据质量守恒

$$G_1 + G_2 + \cdots + G_6 = G'_1 + G'_2 + \cdots + G'_7 + \Delta G$$

$$\Delta G = \sum G - G_1' - G_2' - G_3' - \cdots - G_7'$$
$$= -73.35\mathrm{t/h}$$

根据以上计算得到链箅机质量平衡表如表6-2所示。

**表6-2 链箅机质量平衡表**

| 收入项 | | | | 支出项 | | | |
|---|---|---|---|---|---|---|---|
| 符号 | 项目 | t/h | % | 符号 | 项目 | t/h | % |
| $G_1$ | 进入物料的质量 | 333.91 | 33.92 | $G_1'$ | 物料带出质量 | 308.96 | 31.38 |
| $G_2$ | 鼓风干燥段鼓入气体质量 | 197.14 | 20.02 | $G_2'$ | 鼓风干燥段烟气体质量 | 28.40 | 2.88 |
| $G_4$ | 预热一段鼓入气体质量 | 116.32 | 11.81 | $G_3'$ | 预热一段与抽风干燥段东侧排出烟气质量 | 334.32 | 33.96 |
| $G_5$ | 预热二段鼓入气体质量 | 100.05 | 10.16 | $G_4'$ | 预热一段与抽风干燥段西侧排出烟气质量 | 378.97 | 38.49 |
| $G_6$ | 预热二段吸风质量 | 237.11 | 24.08 | $G_6'$ | 干返料 | 5.00 | 0.51 |
| | | | | $G_7'$ | 除尘器飞灰 | 2.23 | 0.23 |
| | | | | $\Delta G$ | 差值 | −73.35 | −7.45 |
| 合计 | | 984.53 | 100.00 | 合计 | | 984.53 | 100.00 |

### 6.1.2 链箅机系统热量平衡计算

#### 6.1.2.1 热平衡测定与计算准则

（1）基准温度。本规定采用以环境温度作为计算的基准温度。

（2）热平衡的范围。本规定的热平衡范围是从链箅机入口到链箅机出口。

（3）热平衡测定时间及次数。

1）所测参数在链箅机生产正常稳定条件下进行测定。

2）整个系统的热平衡测定次数不少于两次。

3）进入系统的生料物理水、灼减量及熟料的理化检测在测定期间内送检三次。

4）燃料组成和发热量可一次取样检测。

5）在一个测定周期内，风温、风压、风量测定两次，气体成分分析四次。

（4）计算单位。物料平衡及气体平衡分别按单位时间的质量及体积计算，即kg/h，$\mathrm{m^3/h}$；热平衡按单位时间出链箅机的热量计算，即kJ/h。

### 6.1.2.2 链箅机系统质能测试方案

链箅机系统质能测试方案如表6-3所示。

**表6-3 链箅机质能测试方案**

| 序号 | 名 称 | 符号 | 单位 | 计算公式或数据来源 | 测试方法 | 测点 |
|---|---|---|---|---|---|---|
| 1 | 进入物料的质量 | $G_1$ | kg/h | $G_1=\frac{G}{t}$ | 称量 | 原料处 |
| 2 | 进入物料的温度 | $t_1$ | ℃ | 测试 | 红外温度计 | (1) |
| 3 | 进入物料的成分 | | | 入口处取样 | 化验分析 | (1) |
| 4 | 干返料的质量 | $G_6'$ | kg/h | 计算 | | |
| 5 | 生料中水的质量 | $G_{10}'$ | kg/h | 测球团含水量 | 化验 | 入口取样 |
| 6 | 排出物料的质量 | $G_1'$ | kg/h | 环冷机处反算 | | (10) |
| 7 | 排出物料的温度 | $t_2'$ | ℃ | 测试 | 热电偶 | (10) |
| 8 | 排出物料的成分 | | | 出口处取样 | 化验分析 | (10) |
| 9 | 鼓风段进入气体成分 | | | 入口处取样 | 化验分析 | (2) |
| 10 | 鼓风段进入气体流量 | $V_2$ | m³/h | 测试 | 皮托管 | (2) |
| 11 | 鼓风段进入气体温度 | $t_2$ | ℃ | 测试 | 温度计 | (2) |
| 12 | 鼓风段进入气体压力 | $p_2$ | Pa | 测试 | 压力表 | (2) |
| 13 | 鼓风段放空气体成分 | | | 出口处取样 | 化验分析 | (6) |
| 14 | 鼓风段放空气体流量 | $V_2'$ | m³/h | 测试 | 皮托管 | (6) |
| 15 | 鼓风段放空气体温度 | $t_2'$ | | 测试 | 温度计 | (6) |
| 16 | 鼓风段放空气体压力 | $p_2'$ | | | 压力表 | (6) |
| 17 | 抽风段进入气体成分 | | | 同预热二段烟气 | | (7) |
| 18 | 抽风段进入气体流量 | $V_3$ | m³/h | | | |
| 19 | 抽风段进入气体温度 | $t_3$ | ℃ | | | |
| 20 | 抽风段进入气体压力 | $p_3$ | Pa | | | |
| 21 | 抽风段排出气体成分 | | | 出口处取样 | 化验分析 | (3) |
| 22 | 抽风段排出气体流量 | $V_3'$ | m³/h | 测试 | 皮托管 | (3) |
| 23 | 抽风段排出气体温度 | $t_3'$ | ℃ | 测试 | 温度计 | (3) |
| 24 | 抽风段排出气体压力 | $p_3'$ | | | 压力表 | (3) |
| 25 | 预热一段进入气体成分 | | | 入口处取样 | 化验分析 | (8) |
| 26 | 预热一段进入气体流量 | $v_4$ | m³/h | 测试 | 皮托管 | (8) |
| 27 | 预热一段进入气体温度 | $t_4$ | ℃ | 测试 | 温度计 | (8) |
| 28 | 预热一段进入气体压力 | $p_4$ | Pa | 测试 | 压力表 | (8) |

续表 6-3

| 序号 | 名　称 | 符号 | 单位 | 计算公式或数据来源 | 测试方法 | 测点 |
| --- | --- | --- | --- | --- | --- | --- |
| 29 | 预热一段排出气体成分 | | | 入口处取样 | 化验分析 | (4) |
| 30 | 预热一段排出气体流量 | $V_4'$ | $m^3/h$ | 测试 | 皮托管 | (4) |
| 31 | 预热一段排出气体温度 | $t_4'$ | ℃ | 测试 | 温度计 | (4) |
| 32 | 预热二段进入气体成分 | | | 入口处取样 | 化验分析 | (9) |
| 33 | 预热二段进入气体流量 | $V_5$ | $m^3/h$ | 测试 | 皮托管 | (9) |
| 34 | 预热二段进入气体温度 | $t_5$ | ℃ | 测试 | 抽气热电偶 | (9) |
| 35 | 预热二段进入气体压力 | $p_5$ | Pa | 测试 | 压力表 | (9) |
| 36 | 预热二段排出气体成分 | | | 入口处取样 | 化验分析 | (5) |
| 37 | 预热二段排出气体流量 | $V_5'$ | $m^3/h$ | 测试 | 皮托管 | (5) |
| 38 | 预热二段排出气体温度 | $t_5'$ | ℃ | 测试 | 温度计 | (5) |
| 39 | 预热二段排出气体压力 | $p_5'$ | Pa | 测试 | 压力表 | (5) |
| 40 | 冷却水的流量 | $V_7'$ | kg/h | 控制室 | | |
| 41 | 冷却水出口温度 | $t_7'$ | ℃ | 测试 | 温度计 | 出口管道 |
| 42 | 鼓风段炉体表面温度 | $t_{wi1}$ | ℃ | 测试 | 红外 | |
| 43 | 抽风段炉体表面温度 | $t_{wi2}$ | ℃ | 测试 | 红外 | |
| 44 | 预热一段炉体表面温度 | $t_{wi3}$ | ℃ | 测试 | 红外 | |
| 45 | 预热二段炉体表面温度 | $t_{wi4}$ | ℃ | 测试 | 红外 | |
| 46 | 环境温度 | $t_e$ | ℃ | 测试 | 干湿球温度计 | |
| 47 | 箅板机头温度 | | ℃ | 测试 | 红外和热电偶 | |
| 48 | 箅板机尾温度 | | ℃ | 测试 | 红外和热电偶 | |

#### 6.1.2.3 链算机系统热收入项计算

（1）物料带入的热量 $Q_{L1}$。由测量数据可知，物料质量 $m_{L1}=333.91t/h$，入料温度 $T_{L1}=303.15K$，环境温度为 $T_e=298.15K$，进料球团成分有：$w_{FeO}=28.35\%$，$w_{Fe_2O_3}=65.01\%$，$w_{SiO_2}=5.07\%$，$w_{CaO}=0.32\%$，$w_{Al_2O_3}=0.51\%$，$w_{MgO}=0.31\%$，$w_S=0.025\%$，$w_{H_2O}=9.06\%$，代入公式得（见式（4-1））：

$$Q_{L1}=1.65\times10^6kJ/h$$

（2）鼓风干燥段鼓入气体所带的热量 $Q_{L2}$。鼓风干燥段鼓入气体即为环冷三段的气体，质流量 $m_{L2}=197.14t/h$，进口温度为 $T_{L2}=571.5K$，环境温度 $T_e=298.15K$，其中，$m_{O_2}=44062.02kg/h$，$m_{N_2}=153067.4kg/h$ 计算方法如上：

$$Q_{L2}=55.85\times10^6kJ/h$$

（3）预热一段鼓入气体所带的热量 $Q_{L3}$。预热一段鼓入气体即为环冷二段的烟气，烟气量 $m_{L3}=116.32\text{t/h}$，温度 $T_{L3}=1116.05\text{K}$，环境温度为 298.15K，其中 $m_{O_2}=32122.02\text{kg/h}$，$m_{N_2}=106192.18\text{kg/h}$，计算方法如上，则

$$Q_{L3}=121.89\times10^6\text{kJ/h}$$

（4）预热二段鼓入气体所带的热量 $Q_{L4}$。预热二段鼓入气体即为回转窑的烟气，根据回转窑处计算得回转窑的烟气量 $m_{L4}=100.05\text{t/h}$，气体的温度 $T_{L4}=1366.35\text{K}$，环境温度为 298.15K，其中 $m_{O_2}=13317.3\text{kg/h}$，$m_{N_2}=75513.57\text{kg/h}$，$m_{CO_2}=11222.16\text{kg/h}$，则

$$Q_{L4}=113.69\times10^6\text{kJ/h}$$

（5）氧化亚铁氧化放出的热量 $Q_{L5}$。取样化验成分，链算机入口处 FeO 含量为 28.35%，出口处 FeO 含量为 3.49%，查表得到反应热，通过计算得到（见式（4-2））：

$$Q_{L5}=138.87\times10^6\text{kJ/h}$$

（6）预热二段鼓入气体燃烧产生的热量 $Q_{L6}$。由于回转窑的烟气中已不含可燃成分，故 $Q_{L6}=0$。

（7）预热二段吸风带入的热量 $Q_{L7}$。预热二段吸风 237.11t/h，查阅吸风状态下空气的参数，计算方法参见公式（4-1）得到：

$$Q_{L7}=11.74\times10^6\text{kJ/h}$$

#### 6.1.2.4 链算机系统热支出项计算

（1）物料带出的热量 $Q'_{L1}$。

出料质量 $m'_{L1}=308.96\text{t/h}$，温度 $T'_{L1}=1184.15\text{K}$，环境温度为 298.15K，计算方法如上，则

$$Q'_{L1}=247.65\times10^6\text{kJ/h}$$

（2）鼓风干燥段烟气所带走的热量 $Q'_{L2}$。鼓风干燥段烟气的流量 $m'_{L2}=28.4\text{t/h}$，温度 $T'_{L2}=381.39\text{K}$，计算方法如上，则

$$Q'_{L2}=3.23\times10^6\text{kJ/h}$$

（3）抽风干燥段与预热一段东侧排出烟气所带走的热量 $Q'_{L3}$。抽风干燥段与预热一段东侧排出烟气的流量 $m'_{L3}=334.32\text{t/h}$，温度 $T'_{L3}=384.8\text{K}$，计算方法同上，则

$$Q'_{L3}=29.11\times10^6\text{kJ/h}$$

（4）抽风干燥段与预热一段西侧排出烟气所带走的热量 $Q'_{L4}$。抽风干燥段与预热一段西侧排出烟气的流量 $m'_{L4}=378.97\text{t/h}$，$T'_{L4}=384.13\text{K}$，计算方法如下，则

$$Q'_{L4}=32.56\times10^6\text{kJ/h}$$

（5）管道散热 $Q'_{L5}$。抽风干燥段进口烟气为预热二段的出口烟气，对于整个

系统而言，属于循环量，与环境能量交换为管道散热。其管道参数如表6-4所示。

表6-4 管道散热参数表

| 管 道 | 直径 $d$/mm | 长度 $l$/m | 管壁温度 $t_w$/℃ | 室温 $t_f$/℃ | $Pr$ | 导热系数 $\lambda$ /W·(m·K)$^{-1}$ | 运动黏度 | 管道散热量 /kJ·h$^{-1}$ |
|---|---|---|---|---|---|---|---|---|
| 1号耐热风机 | 2324 | 130 | 139.7 | 25.7 | 0.724 | $2.638\times10^{-2}$ | $15.02\times10^6$ | $0.59\times10^6$ |
| 2号耐热风机 | 2324 | 130 | 106.3 | 25.7 | 0.724 | $2.638\times10^{-2}$ | $15.02\times10^6$ | $0.48\times10^6$ |
| 总和 | | | | | | | | $1.07\times10^6$ |

1号管道散热为：$Q_1=0.59\times10^6$kJ/h（参见公式（4-3））

同理2号管道散热为：$Q_2=0.48\times10^6$kJ/h

总散热量为：$Q'_{L5}=Q_1+Q_2=1.07\times10^6$kJ/h

（6）干返料带出的热量$Q'_{L6}$。据现场测定及工人经验估定链算机平均干返料量为5t/h，链算机各段均有干返料，其中预热一段、预热二段运往回转窑的干返料占总干返料的3%，运往鼓风干燥段、抽风干燥段占2%，干返料的成分和温度都按各段的平均值计算。温度按最下层的料层平均温度计算得：$T'_{L6(鼓风)}=306.55$K，$T'_{L6(抽风)}=338.68$K，$T'_{L6(预热一段)}=558.15$K，$T'_{L6(预热二段)}=977.9$K，计算方法如上，则

$$Q'_{L6}=1.08\times10^6\text{kJ/h}$$

（7）冷却水带走的热量$Q'_{L7}$。冷却水的给水温度$T_{给}=68.5$℃，回水温度$T_{回}=75$℃，冷却水的流量为$V'_{L7}=149.12\text{m}^3/\text{h}$，则（见式（4-4））。

$$Q'_{L7}=V'_{L7}\times c'_{L7}\times(T_{回}-T_{给})=4.07\times10^6\text{kJ/h}$$

（8）炉体散热$Q'_{L8}$。根据以上公式计算出炉体各部分的散热损失，如表6-5、表6-6所示。

表6-5 炉体各部分散热损失计算（一）

| 项 目 | 侧墙 | | | | | | | |
|---|---|---|---|---|---|---|---|---|
| | 西侧 | | | | 东侧 | | | |
| | 鼓风段 | 抽风段 | 预热一 | 预热二 | 鼓风段 | 抽风段 | 预热一 | 预热二 |
| 表面平均温度 $t_{wi}$/℃ | 60.6 | 90.7 | 128.0 | 105.3 | 60.5 | 88.9 | 101.9 | 108.6 |
| 面积 $A_i$/m$^2$ | 37.3 | 40.7 | 40.7 | 71.2 | 37.3 | 40.7 | 40.7 | 71.2 |
| 综合换热系数 | 11.982 | 13.920 | 16.065 | 14.773 | 11.975 | 13.812 | 14.577 | 14.963 |
| $q_i\times10^6$ /kJ·h$^{-1}$ | 0.06 | 0.18 | 0.24 | 0.30 | 0.06 | 0.13 | 0.16 | 0.32 |

表 6-6　炉体各部分散热损失计算（二）

| 项　目 | 炉　顶 | | | | 炉　底 | | | | 后端墙进 |
|---|---|---|---|---|---|---|---|---|---|
| | 鼓风段 | 抽风段 | 预热一 | 预热二 | 鼓风段 | 抽风段 | 预热一 | 预热二 | |
| 表面平均温度 $t_{wi}$/℃ | 55.2 | 82.5 | 122.0 | 112.5 | 168.4 | 135.7 | 177.9 | 260.4 | 65.1 |
| 面积 $A_i$/$m^2$ | 57.6 | 62.8 | 62.8 | 110 | 58.7 | 64 | 64 | 112.1 | 20.7 |
| 综合换热系数 | 13.215 | 15.345 | 17.915 | 17.320 | 15.147 | 13.482 | 15.648 | 20.455 | 12.299 |
| $q_i \times 10^6$/kJ·$h^{-1}$ | 0.08 | 0.20 | 0.39 | 0.60 | 0.46 | 0.34 | 0.55 | 1.94 | 0.04 |

由上表得（见式（4-5））：

$$\begin{aligned} Q'_{L8} &= \sum q_i \\ &= q_{侧墙} + q_{炉顶} + q_{进料端墙} + q_{出料端墙} + q_{炉底} \\ &= 6.07 \times 10^6 \mathrm{kJ/h} \end{aligned}$$

（9）生料中水分蒸发所吸收的热量 $Q'_{L9}$。本次计算水分蒸发吸热机理为：总吸热量包括三部分：1）球团水分由初始温度上升到100℃时吸收的热量；2）水分蒸发时的汽化潜热；3）水蒸气温度升高到出口温度时的吸热量。据现场测定和经验估定，料球在链箅机各段的水分蒸发的质量分数如表 6-7 所示。

表 6-7　料球在链箅机各段的水分蒸发的质量分数

| 位　置 | UDD | DDD | PHI |
|---|---|---|---|
| 水分蒸发量（质量分数）/% | 15 | 55 | 30 |

其中：

$c_{p,H_2O} = 4.198\mathrm{kJ/(kg \cdot K)}$

$c'_{p,H_2O} = 4.235\mathrm{kJ/(kg \cdot K)}$

$c''_{p,H_2O} = 4.197\mathrm{kJ/(kg \cdot K)}$

$c'''_{p,H_2O} = 4.261\mathrm{kJ/(kg \cdot K)}$

$c^4_{p,H_2O} = 4.194\mathrm{kJ/(kg \cdot K)}$

$c^5_{p,H_2O} = 4.218\mathrm{kJ/(kg \cdot K)}$

$c^6_{p,H_2O} = 4.261\mathrm{kJ/(kg \cdot K)}$

$\gamma_{H_2O} = 2257.2\mathrm{kJ/kg}$

对 UDD：

1）15%的水由 30℃上升到 100℃吸收热量，然后蒸发，蒸发后水蒸气由 100℃升高到出口温度 120℃，吸收部分热量，计算如下：

$$\begin{aligned} Q_{UDD,1} &= G_{G_1,H_2O} \times 15\% \times [c_{p,H_2O} \times (100-30) + \gamma_{H_2O} + c'_{p,H_2O} \times (120-100)] \\ &= 11.96 \times 10^6 \mathrm{kJ/h} \end{aligned}$$

2）剩下的 85%的水分由 30℃上升到 51℃（51℃为鼓风干燥段与抽风干燥

段交界的平均温度），吸热量计算如下：

$$Q_{\mathrm{UDD},2}=G_{G_1,\mathrm{H_2O}}\times 85\%\times[c_{p,\mathrm{H_2O}}\times(51-30)]$$
$$=2.25\times10^6\mathrm{kJ/h}$$

对 DDD 东侧：

1）55%的水由 51℃上升到 100℃吸收热量，然后蒸发，蒸发后水蒸气由 100℃升高到出口温度，吸收部分热量，计算如下：

$$Q_{\mathrm{DDD},1(东)}=G_{G_1,\mathrm{H_2O}}\times 55\%\times\frac{Q_{东}}{Q_{西}+Q_{东}}[c''_{p,\mathrm{H_2O}}\times(100-51)+\gamma_{\mathrm{H_2O}}+c'''_{p,\mathrm{H_2O}}\times(144.55-100)]$$
$$=20.69\times10^6\mathrm{kJ/h}$$

2）30%的水由 51℃上升到 95℃（抽风干燥段与预热一段交界处未蒸发水分的温度），其吸热量计算如下：

$$Q_{\mathrm{DDD},2(东)}=G_{G_1,\mathrm{H_2O}}\times 30\%\times\frac{Q_{东}}{Q_{西}+Q_{东}}[c^4_{p,\mathrm{H_2O}}\times(95-51)]$$
$$=0.78\times10^6\mathrm{kJ/h}$$

对 DDD 西侧：

同理计算如下：

1）55%的水由 51℃上升到 100℃吸收热量，然后蒸发，蒸发后水蒸气由 100℃升高到出口温度，吸收部分热量，计算如下：

$$Q_{\mathrm{DDD},1(西)}=G_{G_1,\mathrm{H_2O}}\times 55\%\times\frac{Q_{西}}{Q_{西}+Q_{东}}[c''_{p,\mathrm{H_2O}}\times(100-51)+\gamma_{\mathrm{H_2O}}+c'''_{p,\mathrm{H_2O}}\times(135.75-100)]$$
$$=23.12\times10^6\mathrm{kJ/h}$$

2）30%的水由 51℃上升到 95℃（抽风干燥段与预热一段交界处未蒸发水分的温度），其吸热量计算如下：

$$Q_{\mathrm{DDD},2(西)}=G_{G_1,\mathrm{H_2O}}\times 30\%\times\frac{Q_{西}}{Q_{西}+Q_{东}}[c^4_{p,\mathrm{H_2O}}\times(95-51)]$$
$$=0.89\times10^6\mathrm{kJ/h}$$

对 PHI 东侧：

水分吸热量如下：

$$Q_{\mathrm{PHI},1(东)}=G_{G_1,\mathrm{H_2O}}\times 30\%\times\frac{Q_{东}}{Q_{西}+Q_{东}}[c''_{p,\mathrm{H_2O}}\times(100-95)+\gamma_{\mathrm{H_2O}}+c'''_{p,\mathrm{H_2O}}\times(144.55-100)]$$
$$=10.5\times10^6\mathrm{kJ/h}$$

对 PHI 西侧：

水分吸热量为：

$$Q_{PHI,1(西)} = G_{G_1,H_2O} \times 30\% \times \frac{Q_{西}}{Q_{西}+Q_{东}} [c''_{p,H_2O} \times (100-95) + \gamma_{H_2O} + c'''_{p,H_2O} \times (135.75-100)]$$
$$= 10.34 \times 10^6 \text{kJ/h}$$

综上所述：链算机水分蒸发总吸热量为：

$$Q'_{L9} = Q_{UDD,1} + Q_{UDD,2} + Q_{DDD,2(东)} + Q_{DDD,1(东)} + Q_{DDD,2(西)} + Q_{DDD,1(西)} + Q_{PHI,1(西)} + Q_{PHI,1(东)}$$
$$= 77.14 \times 10^6 \text{kJ/h}$$

（10）算板带走的热量 $Q'_{L10}$。链算机机尾算板上表面温度为453.4℃，下表面为221.4℃，所以机尾算板温度 $T'_{L10}$ =221.4+1/3×(453.4−221.4)=298.7℃。机头算板上表面温度为848.12℃，下表面为530.1℃，故机头算板温度 $T''_{L10}$ =530.1+1/3×(848.12−530.1)=636.11℃。算板质量 $m'_{L10}$ =326400.29kg/h，算板在各温度下的比热为 $c'_{L10}$ =0.519kJ/(kg·℃)，$c''_{L10}$ =0.589kJ/(kg·℃)，则（见式（4-7））：

$$Q'_{L10} = 67.64 \times 10^6 \text{kJ/h}$$

根据以上各项的计算结果，可以得到链算机系统的热效率和热利用效率。

链算机系统的热效率 $\eta_L$（见式（4-8））：

$$\eta_L = \frac{Q'_{L1} + Q'_{L9} - Q_{L1} - Q_{L5}}{\sum Q_i - Q_{L3}} \times 100\%$$
$$= \frac{247.65 + 77.14 - 1.65 - 138.87}{443.69} \times 100\%$$
$$= 41.5\%$$

链算机系统的热利用效率 $\eta'_L$（见式（4-9））：

$$\eta'_L = \frac{\sum Q_i - Q'_{L2} - Q'_{L3} - Q'_{L4}}{\sum Q_i} \times 100\%$$
$$= \frac{443.69 - 3.23 - 29.11 - 32.56}{443.69} \times 100\%$$
$$= 85.37\%$$

通过热收入项和热支出项的计算可以建立链算机系统的热平衡表，如表6-8所示。

**表6-8 链算机热平衡表**

| 收入热量 | | | | 支出热量 | | | |
|---|---|---|---|---|---|---|---|
| 符号 | 项　目 | $\times 10^6$kJ/h | % | 符号 | 项　目 | $\times 10^6$kJ/h | % |
| $Q_{L1}$ | 物料带进热量 | 1.65 | 0.37 | $Q'_{L1}$ | 物料带走热量 | 247.65 | 55.82 |
| $Q_{L2}$ | 鼓风干燥段鼓入气体带进的热量 | 55.85 | 12.59 | $Q'_{L2}$ | 鼓风干燥段烟气带走的热量 | 3.23 | 0.73 |

续表 6-8

| 收入热量 | | | | 支出热量 | | | |
|---|---|---|---|---|---|---|---|
| 符号 | 项目 | $\times10^6$kJ/h | % | 符号 | 项目 | $\times10^6$kJ/h | % |
| $Q_{L3}$ | 预热一段鼓入气体带进的热量 | 121.89 | 27.47 | $Q'_{L3}$ | 抽风干燥段与预热一段东侧排出烟气的热量 | 29.11 | 6.56 |
| $Q_{L4}$ | 预热二段鼓入气体带进的热量 | 113.69 | 25.62 | $Q'_{L4}$ | 抽风干燥段与预热一段西侧排出烟气的热量 | 32.56 | 7.34 |
| $Q_{L5}$ | 氧化亚铁氧化放出的热量 | 138.87 | 31.3 | $Q'_{L5}$ | 管道散热 | 1.07 | 0.24 |
| $Q_{L6}$ | 预热二段鼓入气体燃烧带进的热量 | 0 | 0 | $Q'_{L6}$ | 干返料带出热量 | 1.07 | 0.92 |
| $Q_{L7}$ | 吸风带进热量 | 11.74 | 2.65 | $Q'_{L7}$ | 冷却水带出热量 | 4.07 | 1.37 |
| | | | | $Q'_{L8}$ | 炉体散热 | 6.07 | 0.24 |
| | | | | $Q'_{L9}$ | 生料中水分蒸发吸收热量 | 77.14 | 19.39 |
| | | | | $Q'_{L10}$ | 箅板带走热量 | 67.64 | 15.24 |
| | | | | $\Delta Q$ | 漏风及其他 | −25.92 | −5.84 |
| 合计 | | 443.69 | 100.00 | 合计 | | 443.69 | 100.00 |

## 6.1.3 链算机系统㶲平衡计算

### 6.1.3.1 进入链算机系统的㶲值

（1）物料带入的㶲值 $\mathrm{Ex}_{L1}$。物料进入系统的温度 $T_{L1}=302.62\mathrm{K}$，根据球团成分查得入链算机物料的比热容为 $c_{L1}=1.001\mathrm{kJ/(kg\cdot K)}$，将数据代入公式（5-1）得：

$$\mathrm{Ex}_{L1}=6.93\times10^3\mathrm{kJ/h}$$

（2）鼓风干燥段鼓入气体所带的㶲值 $\mathrm{Ex}_{L2}$。鼓风干燥段鼓入气体的流量为 $154798\mathrm{m^3/h}$，温度为 426.90K，根据气体成分查得此温度下气体的比热容 $c_{L2}=1.308\mathrm{kJ/(m^3\cdot K)}$，将数据代入公式（5-2）得：

$$\mathrm{Ex}_{L2}=4.36\times10^6\mathrm{kJ/h}$$

（3）预热一段鼓入气体所带的㶲值 $\mathrm{Ex}_{L3}$。预热一段鼓入气体的流量为 $138520\mathrm{m^3/h}$，温度为 1002.35K，根据气体成分查得此温度下气体的比热容 $c_{L3}=$

1.375kJ/(m³ · K)，将数据代入公式（5-2）得：

$$Ex_{L3} = 65.12 \times 10^6 kJ/h$$

（4）预热二段鼓入气体所带的㶲值 $Ex_{L4}$。预热二段鼓入气体的流量为 95630m³/h，温度为 1376.15K，根据气体成分查得此温度下气体的比热容 $c_{L3}$ = 1.471kJ/(m³ · K)，将数据代入公式（5-2）得：

$$Ex_{L4} = 87.29 \times 10^6 kJ/h$$

（5）氧化亚铁氧化放热带入的㶲值 $Ex_{L5}$。链箅机入口 FeO 含量为 25.3%，出口 FeO 含量为 6.8%，将数据代入公式（5-3）可得：

$$Ex_{L5} = \Delta G^{\ominus} \times w[FeO] = 103.50 \times 10^6 \ kJ/h$$

（6）箅板带入的㶲值 $Ex_{L6}$。根据测试数据，箅板的质量为 288.82t，链箅机入口处箅板的温度为 571.85K，在该温度下的比热容 $c_b$ = 0.519kJ/(kg · K)，将数据代入式（5-1）得：

$$Ex_{L6} = 11.85 \times 10^6 kJ/h$$

#### 6.1.3.2 离开链箅机系统的㶲值及㶲损

（1）物料带出的㶲值 $Ex'_{L1}$。物料离开系统的温度 $T'_{L1}$ = 1184.15K，根据球团成分查得入链箅机物料的比热容为 $c'_{L1}$ = 0.9025kJ/(kg · K)，将数据代入公式（5-1）得：

$$Ex'_{L1} = 116.44 \times 10^6 kJ/h$$

（2）鼓风干燥段排出烟气带走的㶲值 $Ex'_{L2}$。鼓风干燥段排出烟气的流量为 49736 m³/h，温度为 373.15K，根据气体成分查得此温度下气体的比热容 $c'_{L2}$ = 1.400kJ/(m³ · K)，将数据代入公式（5-2）得：

$$Ex'_{L2} = 0.56 \times 10^6 kJ/h$$

（3）抽风与预热一段东侧排出烟气带走的㶲值 $Ex'_{L3}$。抽风与预热一段东侧的烟气流量为 240520m³/h，温度为 412.40K，根据气体成分查得此温度下气体的比热容 $c'_{L3}$ = 1.310kJ/(m³ · K)，将数据代入公式（5-2）得：

$$Ex'_{L3} = 5.45 \times 10^6 kJ/h$$

（4）抽风与预热一段西侧排出烟气带走的㶲值 $Ex'_{L4}$。抽风与预热一段东侧的烟气流量为 300000m³/h，温度为 406.60K，根据气体成分查得此温度下气体的比热容 $c'_{L4}$ = 1.310kJ/(m³ · K)，将数据代入公式（5-2）得：

$$Ex'_{L4} = 6.19 \times 10^6 kJ/h$$

（5）预热二段烟气在系统管道内损失的㶲值 $Ex'_{L5}$。根据链箅机的工作过程可知，链箅机抽风干燥段鼓入的气体是预热二段的烟气，忽略漏气损失，可以知道这一过程的能量是守恒的，但存在㶲损失。根据公式（5-4）可以计算管道传输过程的㶲损失。

于是，管道内损失的㶲值为：

$$\mathrm{Ex}'_{L5} = Q\left(1 - \frac{T}{T_e}\right) = 0.58\times10^6\ \mathrm{kJ/h}$$

（6）干返料所带的㶲值 $\mathrm{Ex}'_{L6}$。由于链算机各段均有干返料，故干返料的温度和成分均按各段的平均值计算。又因为干返料为链算机最底层的物料，所以其平均温度为 $T'_{L6}=566.53\mathrm{K}$，根据球团成分查得干返料的比热容为 $c'_{L6}=0.9973\mathrm{kJ/(kg\cdot K)}$，将数据代入公式（5-1）得：

$$\mathrm{Ex}'_{L6}=0.53\times10^6\mathrm{kJ/h}$$

（7）炉体散热损失的㶲值 $\mathrm{Ex}'_{L7}$。根据公式（5-4）计算，可以求出炉体散热㶲损失：

$$\mathrm{Ex}'_{L7}= 2.03\times10^6\ \mathrm{kJ/h}$$

（8）生料中水分蒸发所消耗的㶲值 $\mathrm{Ex}'_{L8}$。根据工程热力学的相关知识可知，水在蒸发过程中消耗的㶲的计算公式为 $\mathrm{Ex}'_{L8}=m\gamma\left(1-\frac{T_e}{T}\right)$，其中，$\gamma$ 为水的汽化潜热，$\gamma=2257.2\mathrm{kJ/kg}$。生球中的水分的温度按照各段物料的平均温度计算，得 $T'_{L8}=481.99\mathrm{K}$，于是：

$$\begin{aligned}\mathrm{Ex}'_{L8} &= m\gamma\left(1-\frac{T_e}{T}\right)\\ &= 24.65\times10^6\ \mathrm{kJ/h}\end{aligned}$$

（9）算板带走的㶲值 $\mathrm{Ex}'_{L9}$。根据测试数据，算板的质量为288.82t，链算机出口处算板的温度为909.26K，在该温度下的比热容 $c_b=0.589\mathrm{kJ/(kg\cdot K)}$，将数据代入式（5-1）得：

$$\mathrm{Ex}'_{L9}=47.27\times10^6\mathrm{kJ/h}$$

（10）鼓风干燥过程中的传热㶲损失 $\mathrm{Ex}'_{L10}$。鼓风干燥过程中，存在一定的温差，因此该传热过程是不可逆过程，根据公式（5-6），代入相应的数值，可以求出该过程的传热㶲损失。

在该过程中，计算温度均为平均温度，于是可知在鼓风干燥段，物料的平均温度 $T_W=373.15\mathrm{K}$，气体的平均温度 $T_H=426.95\mathrm{K}$，于是可得：

$$\mathrm{Ex}'_{L10}=2.09\times10^6\mathrm{kJ/h}$$

（11）抽风干燥过程中的传热㶲损失 $\mathrm{Ex}'_{L11}$。抽风干燥过程中，物料的平均温度 $T_W=421.53\mathrm{K}$，气体的平均温度 $T_H=628.9\mathrm{K}$，故：

$$\mathrm{Ex}'_{L11}=21.69\times10^6\mathrm{kJ/h}$$

（12）预热一段传热㶲损失 $\mathrm{Ex}'_{L12}$。在预热一段传热过程中物料的平均温度 $T_W=609.75\mathrm{K}$，气体的平均温度 $T_H=992.35\mathrm{K}$，故：

$$Ex'_{L12}=17.31\times10^{6}\text{kJ/h}$$

（13）预热二段传热㶲损失 $Ex'_{L13}$。在预热二段传热过程中计算温度均为平均温度，于是可知在鼓风干燥段，物料的平均温度 $T_W=1020.28\text{K}$，气体的平均温度 $T_H=1406.15\text{K}$，根据公式（5-6）得到：

$$Ex'_{L13}=1.72\times10^{6}\text{kJ/h}$$

（14）链算机吸风混合㶲损失 $Ex'_{L14}$。链算机的预热二段有很大的吸风量，由于吸入的冷风与热烟气混合而造成大量的㶲损失。在链算机预热二段没有吸风的烟气量，根据风量守恒可得气体量为 160224m³/h，烟气的温度假定与链算机算板温度相同，则这些烟气所含㶲值为（参见式 5-7 式 5-10）：

$$Ex'_{L14a}=62.78\times10^{6}\ \text{kJ/h}$$

链算机吸风之后混合烟气根据测试数据可知：东侧气体温度为 355.50℃时，流量为 146013m³/h；西侧气体温度为 316℃时，流量为 171017m³/h。

$$Ex'_{L14b}=20.98\times10^{6}\text{kJ/h}$$

$$Ex'_{L14c}=19.91\times10^{6}\text{kJ/h}$$

根据㶲平衡方程可知：

$$Ex'_{L14}=Ex'_{L14a}-(Ex'_{L14b}+Ex'_{L14c})$$
$$=21.89\times10^{6}\ \text{kJ/h}$$

根据㶲效率的定义，回转窑系统的㶲效率计算如下（参见公式（5-11））：

$$\eta=\frac{\text{物料带出的㶲}-\text{物料带入的㶲}+\text{生料中水分蒸发所耗的㶲}}{\text{进入系统的总㶲}}=51.85\%$$

根据以上的计算可以建立链算机系统的㶲平衡表，如表 6-9 所示。

**表 6-9 链算机系统㶲平衡表**

| 收入项 | | | | 支出项 | | | |
|---|---|---|---|---|---|---|---|
| 符号 | 内容 | ×10⁶kJ/h | % | 符号 | 内容 | ×10⁶kJ/h | % |
| $Ex_{L1}$ | 物料带入的㶲 | 0.00693 | 0 | $Ex'_{L1}$ | 物料带出的㶲 | 116.44 | 42.79 |
| $Ex_{L2}$ | 鼓风干燥段气体所带㶲 | 4.36 | 1.6 | $Ex'_{L2}$ | 鼓风干燥段烟气所带㶲 | 0.56 | 0.21 |
| $Ex_{L3}$ | 预热一段气体所带的㶲 | 65.12 | 23.93 | $Ex'_{L3}$ | 抽风干燥段与预热一段东侧排出烟气所带的㶲 | 5.45 | 2 |
| $Ex_{L4}$ | 预热二段鼓入气体所带的㶲 | 87.29 | 32.08 | $Ex'_{L4}$ | 抽风干燥段与预热一段西侧排出烟气所带的㶲 | 6.19 | 2.27 |

续表 6-9

| 收入项 | | | | 支出项 | | | |
|---|---|---|---|---|---|---|---|
| 符号 | 内容 | $\times10^6$kJ/h | % | 符号 | 内容 | $\times10^6$kJ/h | % |
| $Ex_{L5}$ | 氧化亚铁氧化放出的㶲 | 103.5 | 38.03 | $Ex'_{L5}$ | 预热二段烟气在系统管道的㶲损失 | 0.58 | 0.21 |
| $Ex_{L6}$ | 箅板带入㶲 | 11.85 | 4.36 | $Ex'_{L6}$ | 干返料的㶲 | 0.53 | 0.19 |
| | | | | $Ex'_{L7}$ | 炉体散热㶲 | 2.03 | 0.75 |
| | | | | $Ex'_{L8}$ | 生料中水分蒸发所耗㶲 | 24.65 | 9.06 |
| | | | | $Ex'_{L9}$ | 箅板带出㶲 | 47.27 | 17.37 |
| | | | | $Ex'_{L10}$ | 鼓风干燥段传热㶲损失 | 2.09 | 0.78 |
| | | | | $Ex'_{L11}$ | 抽风干燥段传热㶲损失 | 21.69 | 7.97 |
| | | | | $Ex''_{L12}$ | 预热一段传热㶲损失 | 17.31 | 6.36 |
| | | | | $Ex'_{L13}$ | 预热二段传热㶲损失 | 1.72 | 0.63 |
| | | | | $Ex'_{L14}$ | 吸风混合㶲 | 21.89 | 8.04 |
| | | | | $Ex'_{L15}$ | 其他㶲损失 | 3.72 | 1.37 |
| 合计 | | 272.12 | 100 | 合计 | | 272.12 | 100 |

### 6.1.4 计算结果分析和研究

图6-1、图6-2形象地展示了链箅机系统热量、㶲收入项和支出项中各组成部分所占的比例。

从图6-1中可以看出，链箅机热量收入主要来自回转窑尾气和环冷二段的冷却气体以及氧化亚铁氧化放热，占总热量的84.39%。进入链箅机球团温度较低，所占热量占总热量的比例比较小。链箅机的热支出项比较多，其中最主要的是物料带出的热量，占热支出的55.82%，生料中水分蒸发热和箅板带走热量也比较多，分别占19.39%和15.24%。

从图6-2可以看出，链箅机的㶲收入主要来自预热一段气体所带的㶲、氧化亚铁氧化放出的㶲和预热二段鼓入气体所带的㶲，占链箅机总收入㶲的94%

之多，而算板、鼓风干燥段气体、物料等带入的㶲较小。链算机的㶲支出项比较多，其中最主要的是入窑料球带走的㶲占到了42.79%，算板带走的㶲也占到了17.37%之多，而风机冷却、窑体表面、炉门辐射、漏风等带走的㶲较小。

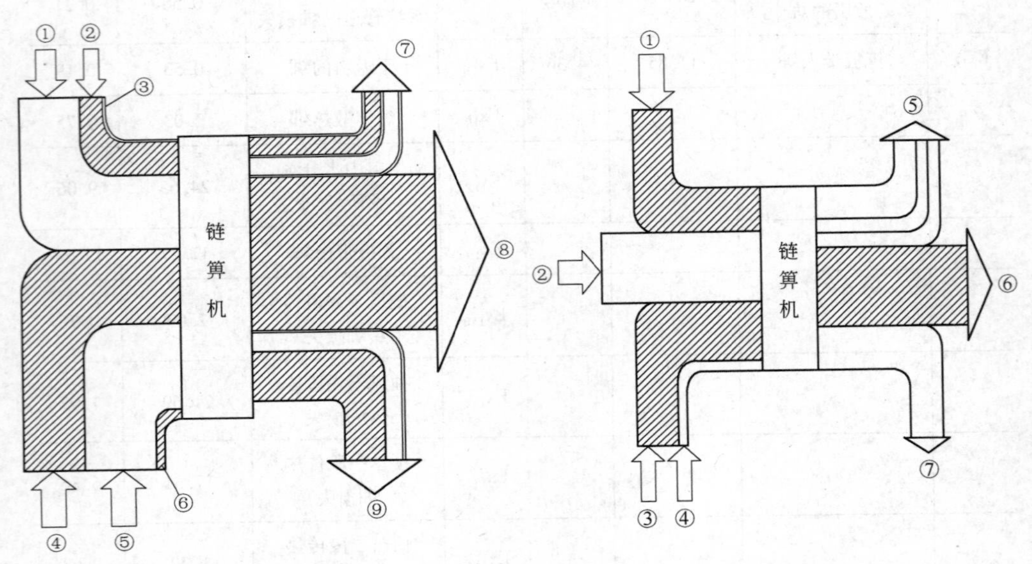


图6-1 链算机能量流动图

①—物料带进热量；②—鼓风干燥段鼓入气体带进的热量；③—预热一段鼓入气体带进的热量；④—预热二段鼓入气体带进的热量；⑤—氧化亚铁氧化放出的热量；⑥—吸风带进热量；⑦—从左到右依次是鼓风干燥段烟气带走的热量，抽风干燥段与预热一段东侧排出烟气的热量，冷却水带出热量，抽风干燥段与预热一段西侧排出烟气的热量，干返料带出热量；⑧—物料带走热量；⑨—从左到右依次是炉体散热，管道散热，生料中水分蒸发吸收热量，算板带走热量，漏风及其他

图6-2 链算机㶲流动图

①—预热一段气体所带的㶲；②—氧化亚铁氧化放出的㶲；③—预热二段鼓入气体所带的㶲；④—包括算板带入㶲、鼓风干燥段气体所带㶲、物料带入的㶲；⑤—从左到右依次为：生料中水分蒸发所耗㶲、抽风干燥段传热㶲损失、吸风混合㶲、其他㶲损失；⑥—入窑料球带入的物理㶲；⑦—算板带出㶲

## 6.2 回转窑系统的质量、热量、㶲平衡计算

### 6.2.1 回转窑系统质量平衡计算

#### 6.2.1.1 回转窑的主要技术参数

经链算机预热的球团在回转窑中进行焙烧和固结。回转窑的主要技术性能参数如表6-10所示。

表 6-10 回转窑主要技术性能参数

| 序号 | 名 称 | 主要参数 | 备 注 |
|---|---|---|---|
| 1 | 回转窑内径/m | $\phi 5.9$ | |
| 2 | 回转窑长度/m | 38 | |
| 3 | 回转窑斜度/% | 4.25 | |
| 4 | 回转窑转速/$r\cdot min^{-1}$ | 1.1 | 调速范围：0.5 ~ 1.5r/min |
| 5 | 回转窑填充率/% | 8 | |
| 6 | 处理物料能力/$t\cdot h^{-1}$ | 268 | |
| 7 | 物料种类 | | 热球团矿 |
| 8 | 给料粒度/mm | 8 ~ 16 | |
| 9 | 物料堆密度/$t\cdot m^{-3}$ | 2.1 | |
| 10 | 物料停留时间/min | 28 | |
| 11 | 主传动装置形式 | | 多点液压驱动 |
| 12 | 液压马达型号 | MB800-575-C | |
| 13 | 马达输出扭矩/kN·m | 82.5 | |
| 14 | 马达输出转速/$r\cdot min^{-1}$ | 0 ~ 15.7 | |
| 15 | 齿轮模式 | 40 | |
| 16 | 齿轮转动速比 | 10.38 | |

#### 6.2.1.2 回转窑的物料收入项计算

（1）燃料消耗量。经过技术改进和创新，目前二系列采用煤粉和焦炉煤气混合燃烧的方式，其中：经过现场测定和数据采集得到（参见公式（3-12）、式（3-13））：

喷煤粉消耗量为：　　$G_1 = 1.05t/h$

焦炉煤气消耗量为：　　$G_2 = 2.42t/h$

（2）入窑料球质量 $G_3$。经出窑料球质量反算得入窑料球质量 $G_3 = 308.96t/h$。

（3）助燃风质量 $G_4$。经过现场数据采集，得到助燃风流量为 $V = 5886.72m^3/h$，密度 $\rho = 1.126kg/m^3$，质量流量 $G_4$ 参见公式（3-14）可得：

$$G_4 = V\rho = 6.63\text{t/h}$$

（4）二次风质量 $G_5$。经现场测定：二次风中，$\varphi_{O_2} = 20.86\%$，$\varphi_{N_2} = 79\%$，$\varphi_{CO_2} = 0.14\%$（体积分数）

$$\rho_{二次风} = \rho_{N,\ O_2} \times \varphi_{O_2} + \rho_{N,\ N_2} \times \varphi_{N_2} + \rho_{N,\ CO_2} \times \varphi_{CO_2} = 1.289942\text{kg/m}^3$$（参见公式（3-16））

对回转窑列氮平衡方程（参见公式（3-17））：

$$m_{N,\ 烟气} = m_{N,\ 煤粉} + m_{N,\ 焦炉煤气} + m_{N,\ 助燃空气} + m_{N,\ 二次风}$$

$$V_{烟气} \times w_{N_2} \times \frac{M_{N_2}}{V_{mol}} = m_{煤粉} \times w_{N2} + V_{焦炉煤气} \times w_{N_2} \times \frac{M_{N_2}}{V_{mol}} + V_{助燃空气} \times w_{N_2} \times \frac{M_{N_2}}{V_{mol}} + V_{二次风} \times w_{N_2} \times \frac{M_{N_2}}{V_{mol}}$$

$$V_{二次风} = 71009.66\text{m}^3\text{/h}$$

$$G_5 = V_{二次风} \times \rho_{二次风} = 91.59\text{t/h}$$

#### 6.2.1.3 物料支出项计算

（1）出口熟料质量 $G_1'$。

经过环冷机入口物料质量反算得：$G_1' = 307.77\text{t/h}$。

（2）烟气质量 $G_2'$。

经计算：对于焦炉煤气：理论空气消耗量：$L_0 = 4.1412\text{m}^3/\text{m}^3$（参见公式（3-19））。

煤粉：理论空气消耗量：$L_0 = 7.398009\text{m}^3/\text{kg}$（参见公式（3-20））。

从现场数据得到：回转窑煤单耗为：1.0525t/h 焦炉煤气单耗为：4826.792m³/h。

求得焦炉煤气的单位时间理论空气消耗量为：19988.71m³/h，煤单位时间理论空气消耗量为：7786.404m³/h。

经检测机头窑尾处：$\varphi(O_2) = 12.36\%$，$\varphi(N_2) = 80.11\%$。

计算回转窑煤粉燃烧空气过量系数（参见公式（3-21））：

$$n = \frac{1}{1 - \frac{79}{21} \times \frac{\varphi(O_2')}{\varphi(N_2')}} = \frac{1}{1 - \frac{79}{21} \times \frac{12.36}{80.11}} = 2.383$$

焦炉煤气空气过量系数（参见式 3-22）：

$$n = \frac{1}{1 - \frac{79}{21} \times \frac{\varphi(O_2') - 0.5\varphi(CO') - 0.5\varphi(H_2') - 2\varphi(CH_4')}{\varphi(N_2') - \frac{\varphi(N_{燃}) \times (\varphi(RO_2') + \varphi(CO') + \varphi(CH_4'))}{V_{RO_2} \times 100}}}$$

$$= \frac{1}{1 - \frac{79}{21} \times \frac{12.36\%}{80.11\% - \frac{4.2 \times 7.53\%}{0.406 \times 100}}}$$

$$= 2.416$$

查文献［29］《燃料及燃烧》附表5得：45℃空气 $g = 84\text{g/m}^3$，煤粉烟气量：$V_n = 19.73276\text{m}^3/\text{kg}$（参见公式（3-24））。

焦炉煤气的实际烟气量：$V_n = 11.46198\text{m}^3/\text{m}^3$（参见公式（3-25））

查文献［27］《动力工程师手册》表1.2-1得

标况下：$\rho_{N, O_2} = 1.4306\text{kg/m}^3$

$\rho_{N, N_2} = 1.25158\text{kg/m}^3$

$\rho_{N, CO_2} = 1.9788\text{kg/m}^3$

测得烟气中：$\varphi_{O_2} = 12.36\%$，$\varphi_{N_2} = 80.11\%$，$\varphi_{CO_2} = 7.53\%$

$\rho_{N, 烟气} = \rho_{N, O_2} \times \varphi_{O_2} + \rho_{N, N_2} \times \varphi_{N_2} + \rho_{N, CO_2} \times \varphi_{CO_2} = 1.328467\text{kg/m}^3$（参见公式（3-26））

综上所述计算得回转窑烟气量 $G_2' = \rho_{烟气} \times V_{烟气} = 100.05\text{t/h}$（参见式3-18）。

根据以上数据可以得到回转窑物料平衡表如表6-11所示。

表6-11 回转窑物料平衡表

| 收入物料 | | | | 支出物料 | | | |
|---|---|---|---|---|---|---|---|
| 符号 | 项目 | t/h | % | 符号 | 项目 | t/h | % |
| $G_1$ | 煤质量 | 1.05 | 0.26 | $G_1'$ | 熟料质量 | 307.77 | 74.95 |
| | 焦炉煤气质量 | 2.42 | 0.59 | $G_2'$ | 烟气质量 | 100.05 | 24.36 |
| $G_2$ | 入窑料球质量 | 308.96 | 75.12 | | | | |
| $G_3$ | 助燃风质量 | 6.63 | 1.86 | | | | |
| $G_4$ | 二次风质量 | 91.59 | 22.17 | | | | |
| | | | | $\Delta G$ | 差值 | 2.83 | 0.69 |
| 合计 | | 410.65 | 100.00 | 合计 | | 410.65 | 100.00 |

## 6.2.2 回转窑系统热量平衡计算

### 6.2.2.1 回转窑热平衡测定与计算准则

（1）基准温度。本规定采用以环境温度作为计算的基准温度。

(2) 燃料的发热量。固体、液体燃料取应用基低(位)发热量 $Q_{Dw}^{y}$，气体燃料取湿煤气的低(位)发热量 $Q_{Dw}^{s}$。

(3) 热平衡的范围。本规定的热平衡范围是从链算机熟料出口到回转窑熟料出口。

(4) 热平衡测定时间及次数。

1) 所有必测参数应在回转窑生产正常稳定条件下进行测定。

2) 整个系统的热平衡测定次数不少于两次。

3) 进入系统的生料物理水、灼减量及熟料的理化检测在测定期间内送检三次。

4) 燃料组成和发热量一次取样检测。

5) 在一个测定周期内，风温、风压、风量要测定两次，气体成分分析四次。

(5) 计算单位。物料平衡及气体平衡分别按单位时间的质量及体积计算，即 kg/h，$m^3/h$，热平衡按单位时间出窑制品的热量计算，即 kJ/h。

### 6.2.2.2 回转窑热平衡测试方案

回转窑热平衡测试方案如表6-12 所示。

表6-12 回转窑热平衡测试内容及方法

| 序号 | 名称 | 符号 | 单位 | 测试方法 | 测点 |
|---|---|---|---|---|---|
| 1 | 燃料消耗量 | B | kg/h | 起始和终了差 | 煤仓电子秤 |
| 2 | 燃料的应用基低位发热量 | $Q_{DW}^{y}$ | kJ/kg | 根据燃料成分计算 | 取样分析，计算 |
| 3 | 熟料产量 | $G_1'$ | kg/h | 反算，根据环冷机电子秤 | 环冷机出料口 |
| 4 | 熟料比热容 | $C_1'$ | kJ/(kg·℃) | 计算 | 根据成分查表 |
| 5 | 熟料温度 | $t_1'$ | ℃ | 红外测温仪 | 出料口处测试 |
| 6 | 环境温度 | $t_e$ | ℃ | 干湿球温度计 | 现场测试 |
| 7 | 各分段表面积 | $F$ | $m^2$ | 计算 | 窑体图纸 |
| 8 | 助燃空气比热容 | $c_3$ | kJ/($m^3$·℃) | 计算 | 查表 |
| 9 | 助燃空气温度 | $t_3$ | ℃ | 插入式热电偶 | 燃烧器入口 |
| 10 | 助燃空气量 | $V_2$ | $m^3$/h | 皮托管 | 燃烧器入口管道 |

续表 6-12

| 序号 | 名　称 | 符号 | 单位 | 测试方法 | 测　点 |
| --- | --- | --- | --- | --- | --- |
| 11 | 生料的比热容 | $c_4$ | kJ/(m³·℃) | 计算 | 按成分计算 |
| 12 | 生料的质量 | $G_4$ | kg/h | 计算 | 由产量反算 |
| 13 | 入窑生料温度 | $t_7$ | ℃ | 红外测温仪 | 窑入口处 |
| 14 | 二次风空气比热容 | $c_5$ | kJ/(m³·℃) | 计算 | 根据成分查表 |
| 15 | 二次风量 | $G_5$ | kg/h | 皮托管 | 进口管道打孔 |
| 16 | 二次风温度 | $t_5$ | ℃ | 抽气热电偶 | 进口管道打孔 |
| 17 | 进口 FeO 的含量 | [FeO] | kg/h | 化验分析 | 进口处取样测试 |
| 18 | 出口 FeO 的含量 | [FeO] | kg/h | 化验分析 | 出口处取样测试 |
| 19 | 进口 $Fe_2O_3$ 的含量 | [$Fe_2O_3$] | kg/h | 化验分析 | 进口处取样测试 |
| 20 | 出口 $Fe_2O_3$ 的含量 | [$Fe_2O_3$] | kg/h | 化验分析 | 出口处取样测试 |
| 21 | 废气量 | $V_4$ | m³ | 计算 | 按空气消耗系数 |
| 22 | 废气平均比热容 | $c_4$ | kJ/(m³·℃) | 计算 | 根据成分查表 |
| 23 | 废气温度 | $t'_4$ | ℃ | 抽气热电偶 | 窑尾测试 |
| 24 | 废气中 $CO_2$ 的含量 | $V_{CO_2}$ | m³/h | 奥氏仪 | 窑尾取样分析 |
| 25 | 废气中 $O_2$ 的含量 | $V_O$ | m³/h | 奥氏仪 | 窑尾取样分析 |
| 26 | CO 气体的低(位)发热量 | 3020 | kJ/m³ | | 查表 |
| 27 | $H_2$ 气体的低(位)发热量 | 2580 | kJ/m³ | | 查表 |
| 28 | 废气中 $CH_4$ 的含量 | $V_{CH_4}$ | m³/h | 奥氏全分析仪 | 窑尾取样分析 |
| 29 | $CH_4$ 气体的低(位)发热量 | 8570 | kJ/m³ | | 查表 |
| 30 | 冷却水量 | $W$ | kg/h | 超声流量计 | 入口管道测试 |
| 31 | 水冷却的进水温度 | $t_w$ | ℃ | 温度计 | 进口处取样测试 |
| 32 | 水冷却的出水温度 | $t'_w$ | ℃ | 温度计 | 出口处取样测试 |
| 33 | 压缩空气量 | $V'$ | m³/h | 皮托管 | 入口管道测试 |
| 34 | 压缩空气温度 | $t'$ | ℃ | 热电偶 | 入口管道测试 |
| 35 | 压缩空气压力 | $p'$ | Pa | 压力表 | 入口管道测试 |
| 36 | 冷却空气比热容 | $c'$ | kcal/(m³·℃) | | 查表 |

续表 6-12

| 序号 | 名　称 | 符号 | 单位 | 测试方法 | 测　点 |
|---|---|---|---|---|---|
| 37 | 冷却空气进入温度 | $CO_2$ | ℃ | 抽气热电偶 | 取环境温度 |
| 38 | 冷却空气出来温度 | $t_2'$ | ℃ | 抽气热电偶 | 出口测试 |
| 39 | 冷却风量 | $V_2$ | $m^3/h$ | 热球风速仪 | 入口管道测试 |
| 40 | 各分段表面散热系数 | $C_i$ | kcal/($m^3$·℃) | 计算 | 表面平均温度 |
| 41 | 各分段表面温度 | $t_i$ | ℃ | 红外 | 测试 |
| 42 | 环境温度 | $t_e$ | ℃ | 干湿球温度计 | 现场测试 |
| 43 | 各分段表面积 | $F$ | $m^2$ | 计算 | 窑体图纸 |

注：1cal=4.18J。

#### 6.2.2.3 回转窑热收入项计算

(1) 燃料燃烧热量 $Q_{h1}$。经过技术改进和创新，目前系统采用煤粉和焦炉煤气混合燃烧的方式，其燃料燃烧热量计算如下：

焦炉煤气：$Q_1 = Q_{DW}^{j} \times B_j = 17104.8 \times 4826.792 = 82.5 \times 10^6$kJ/h（参见公式(4-10)）；

煤粉：$Q_2 = Q_{DW}^{m} \times B_m = 28181.11 \times 1052.5 = 29.7 \times 10^6$kJ/h（参见公式（4-11））；

总计：$Q_{h1} = Q_1 + Q_2 = 82.5 \times 10^6 + 29.7 \times 10^6 = 112.2 \times 10^6$kJ/h

(2) 入窑料球带入的物理热量 $Q_{h2}$。入料质量 $m_h = 308.96$t/h，温度 $T_{h2} = 184.15$K，根据球团成分，计算其带入物理热，则（参见公式（4-12））：

$$Q_{h_2} = 247.65 \times 10^6 \text{kJ/h}$$

(3) 二次风（环冷机）带入的热量 $Q_{h3}$。二次风带入的流量 $V_{h3} = 71009.66\text{m}^3/\text{h}$，温度 $t_{h3} = 1100.3$℃，根据气体成分，其带入热量计算如下：

$$Q_{h3} = 106.77 \times 10^6 \text{kJ/h}$$

(4) 氧化亚铁燃烧放热 $Q_{h4}$。取样化验成分，回转窑入口处 FeO 含量为 3.49%，出口含量为 1.12%，查表得到反应热，通过计算得到（参见公式（4-13））：

$$Q_{h_4} = \Delta H \times n_{FeO} = 12.15 \times 10^6 \text{kJ/h}$$

(5) 助燃空气带入物理热（参见公式（4-14））：

$$Q_{h_5} = q_{助燃} \times \Delta h = 0.10 \times 10^6 \text{kJ/h}$$

#### 6.2.2.4 回转窑系统热支出项计算

(1) 熟料带出的热量 $Q_{h1}'$。出口熟料的质量 $m_{h1}' = 307.77$t/h，温度 $T_{h1}' =$

1488.15K，在此温度下，根据熟料成分组成，计算其带出热量，则

$$Q'_{h1}=331.30\times10^6\text{kJ/h}$$

（2）烟气带出的热量 $Q'_{h2}$。烟气的流量 $V'_{h1}=76393.323\text{m}^3/\text{h}$，温度 $T'_{h1}=1440.85\text{K}$，计算其带出热量，则

$$Q'_{h2}=127.14\times10^6\text{kJ/h}$$

（3）冷却风带走的热量 $Q'_{h3}$。窑头东冷却风带走的热量 $Q'_{h31}$：

经现场测量，窑头冷却风口压力为237.0125Pa，平均温度为35.2625℃（参见式4-15）：

$$\widetilde{w}=\sqrt{\frac{2\times\mu\times p_d}{\rho}}\times\frac{273}{273+T}\times\frac{p+p_0}{p}$$

风口的面积：

$$A=0.122\times0.52\times9=0.57096\text{m}^2$$

$$V_{31}=A\times\widetilde{w}=17.755\text{m}^3/\text{s}$$

其带走热量为（参见式4-16）：

$$Q'_{h31}=c_pV(T''-T')=1.2982\times36494.62\times(35.2625-25)=0.49\times10^6\text{kJ/h}$$

窑头西冷却风带走的热量 $Q'_{h2}$：

经现场测量：窑尾冷却风口为156.9Pa，平均温度为31℃：

$$\widetilde{w}=\sqrt{\frac{2\times\mu\times p_d}{\rho}}\times\frac{273}{273+T}\times\frac{p+p_0}{p}=15.535\text{m/s}$$

风口的面积：

$$A=0.122\times0.52\times9=0.57096\text{m}^2$$

$$V_{32}=A\times\widetilde{w}=34714.6\text{m}^3/\text{h}$$

其带走热量为（参见公式（4-16））：

$$Q'_{32}=c_pV(T''-T')=1.2982\times34714.6\times(36.7-25)=0.5\times10^6\text{kJ/h}$$

所以

$$Q'_{h3}=Q'_{h31}+Q'_{h32}=0.99\times10^6\text{kJ/h}$$

（4）窑体表面散热量 $Q'_{h4}$。根据以上公式计算的炉体各部分散热损失，见表6-13。

**表6-13 回转窑炉体各部分散热损失**

| 项 目 | 窑 身 | 窑 尾 | 项 目 | 窑 身 | 窑 尾 |
|---|---|---|---|---|---|
| 表面平均温度 $t_w$/℃ | 256.59 | 130.56 | 综合换热系数 | 27.42 | 16.554 |
| 面积 $A_i/\text{m}^2$ | 724.345 | 16.697 | 热流 $q_i\times10^6/\text{kJ}\cdot\text{h}^{-1}$ | 16.55 | 0.105 |

由此得：$Q'_{h4}=(16.554+0.105)\times10^6=16.655\times10^6\text{kJ/h}$

（5）炉门辐射散热 $Q'_{h5}$。

窑头炉门辐射面积 $A_1=0.65\text{m}^2$，取 $\Phi_1=0.65$，$t_1=1032℃$；

窑尾炉门辐射面积 $A_2=0.65\text{m}^2$，取 $\Phi_2=0.65$，$t_2=980℃$；

炉门处于长期开启，有效开启时间取为 $\Delta t=60\text{min}$，则（参见式4-21）有：

$$Q'_{h5}=0.71\times10^6\text{kJ/h}$$

根据以上各项的计算结果，可以得到回转窑系统的热效率和热利用率。

回转窑系统的热效率 $\eta_h$（参见式4-22）：

$$\begin{aligned}\eta_h &= \frac{Q'_{h1}-Q_{h2}-Q_{h4}}{Q_{h1}+Q_{h3}+Q_{h4}}\times100\% \\ &= \frac{331.3-247.65-12.15}{112.2+106.77+12.15}\times100\% \\ &= 30.93\%\end{aligned}$$

回转窑系统的热利用率 $\eta'_h$（参见公式（4-23））：

$$\begin{aligned}\eta'_h &= \frac{\sum Q_i-Q'_{h2}}{\sum Q_i}\times100\% \\ &= \frac{478.89-127.14}{478.89}\times100\% \\ &= 73.34\%\end{aligned}$$

通过热收入项和热支出项的计算可以建立回转窑系统的热平衡表，如表6-14所示。

表6-14　回转窑热平衡表

| 收入热量 | | | | 支出热量 | | | |
|---|---|---|---|---|---|---|---|
| 符号 | 项　目 | $\times10^6\text{kJ/h}$ | % | 符号 | 项　目 | $\times10^6\text{kJ/h}$ | % |
| $Q_{h1}$ | 燃料燃烧化学热量 | 112.22 | 23.43 | $Q'_{h1}$ | 熟料带出的热量 | 331.30 | 69.18 |
| $Q_{h2}$ | 入窑料球带入的物理热量 | 247.65 | 51.71 | $Q'_{h2}$ | 烟气带出的热量 | 127.14 | 26.55 |
| $Q'_{h3}$ | 二次风带入的热量 | 106.77 | 22.30 | $Q'_{h3}$ | 风机冷却带走的热量 | 0.99 | 0.21 |
| $Q_{h4}$ | 氧化亚铁氧化热 | 12.15 | 2.54 | $Q'_{h4}$ | 窑体表面散热量 | 16.66 | 3.48 |
| $Q_{h5}$ | 助燃空气带入热量 | 0.10 | 0.02 | $Q'_{h5}$ | 炉门辐射热 | 0.71 | 0.15 |
| | | | | $\Delta Q$ | 漏风及其他 | 2.09 | 0.44 |
| 合　计 | | 478.89 | 100.00 | 合　计 | | 478.90 | 100.00 |

### 6.2.3 回转窑系统㶲平衡计算

#### 6.2.3.1 进入回转窑系统的㶲值

（1）燃料的化学㶲$Ex_{H1}$。计算式见式（5-13），将测得的燃料煤数据代入公式（5-13）得：

$$Ex_{H1}=111.7\times10^6 kJ/h$$

（2）入窑物料带入的㶲值$Ex_{H2}$。根据能量守恒原理，假定物料由链箅机到回转窑入口的过程中没有㶲损失，则：

$$Ex_{H2}=Ex'_{L1}=116.44\times10^6 kJ/h$$

（3）二次风带入的㶲值$Ex_{H3}$。根据链-回-环系统气体利用方式，回转窑的二次风就是环冷机的一冷段排出的烟气。根据环冷机处数据计算，二次风的流量为88198$m^3$/h，温度为1369.05K。根据气体成分查得此温度下气体的比热容$c_{H3}=1.423kJ/(m^3\cdot K)$，将数据代入公式得：

$$Ex_{H3}=77.23\times10^6\ kJ/h$$

（4）氧化亚铁氧化放热带入的㶲值$Ex_{H4}$。由公式（5-3）计算得：

$$Ex_{L5}=\Delta G^{\ominus}\times[FeO]=16.73\times10^6 kJ/h$$

#### 6.2.3.2 离开回转窑系统的㶲值及㶲损

（1）物料带出的㶲值$Ex'_{H1}$。计算公式见式（5-1）。

物料离开系统的温度$T_{H1}=1493.15K$，根据球团成分查得入链箅机物料的比热容为$c'_{H1}=0.9170kJ/(kg\cdot K)$，将数据代入公式（5-1）得：

$$Ex_{H1}=169.02\times10^6 kJ/h$$

（2）烟气带出的㶲值$Ex'_{H2}$。由于回转窑的烟气全部进入链箅机，作为链箅机预热二段的热源，则：

$$Ex'_{H2}=Ex_{L4}=87.29\times10^6 kJ/h$$

（3）窑体散热损失㶲值$Ex'_{H3}$。由公式（5-4）计算得：

$$Ex'_{H3}=7.79\times10^6\ kJ/h$$

（4）传热过程的㶲损失$Ex'_{H4}$。在回转窑烟气与物料传热过程中，存在一定的温差，因此该传热过程是不可逆过程，根据公式（5-6），代入相应的数值，可以求出该过程的传热㶲损失。在该过程中，计算温度均为平均温度，于是可知在鼓风干燥段，物料的平均温度$T_W=1288.65K$，气体的平均温度$T_H=1676.15K$，于是可得：

$$Ex'_{H4} = 14.43 \times 10^6 kJ/h$$

（5）燃烧过程㶲损失 $Ex'_{H5}$。根据热力学的有关知识，在燃料燃烧过程中，存在着燃烧㶲损失。根据燃料燃烧过程的㶲平衡关系式：

$$Ex_f^{\ominus} + Ex_a^{\ominus} = Ex_g^{\ominus} + Ex^{\ominus} + I$$

于是，代入相关的数据，可得

$$Ex'_{H5} = I = 19.55 \times 10^6 kJ/h$$

根据㶲效率的定义，回转窑系统的㶲效率计算如下：

$$\eta = \frac{\text{出窑物料带出的㶲} - \text{入窑物料带入的㶲}}{\text{进入系统的总㶲}} = \frac{169.02 - 111.70}{322.1 - 111.70} = 27.24\%$$

根据以上的计算可以建立回转窑系统的㶲平衡表，如表6-15所示。

**表 6-15　回转窑系统㶲平衡表**

| 收入项 | | | | 支出项 | | | |
|---|---|---|---|---|---|---|---|
| 符号 | 内　容 | $\times 10^6$ kJ/h | % | 符号 | 内　容 | $\times 10^6$ kJ/h | % |
| $Ex_{H1}$ | 燃料的化学㶲 | 169.02 | 36.15 | $Ex'_{H1}$ | 出窑物料带出的㶲 | 169.02 | 52.47 |
| $Ex_{H2}$ | 入窑物料带入的㶲 | 116.44 | 34.68 | $Ex'_{H2}$ | 烟气带出㶲 | 87.29 | 27.1 |
| $Ex_{H3}$ | 回转窑二次风带入的㶲 | 77.23 | 23.98 | $Ex'_{H3}$ | 回转窑炉体表面散失的㶲 | 7.79 | 2.42 |
| $Ex_{H4}$ | 氧化亚铁氧化放出的㶲 | 16.73 | 5.19 | $Ex'_{H4}$ | 传热过程的㶲损失 | 14.43 | 4.48 |
| | | | | $Ex'_{H5}$ | 燃烧过程㶲损失 | 19.55 | 6.07 |
| | | | | $Ex'_{H6}$ | 其他㶲损失 | 24.02 | 7.45 |
| 合　计 | | 379.42 | 100 | 合　计 | | 322.1 | 100 |

### 6.2.4　计算结果分析和研究

图6-3、图6-4形象地展示了回转窑系统热量、㶲收入项和支出项中各组成部分所占的比例。

从图6-3中可以看出，燃料燃烧的化学热，入窑料球带入物理热，二次风带入热量占热收入项的很大比例，占到了97.44%。回转窑支出项不是很多，其中，熟料带出热量与烟气带走热量占了很大比例，为95.73%。

从图6-4可以看出回转窑的㶲收入主要来自入窑料球所带的㶲、燃料燃烧所放出的㶲和回转窑二次风所带的㶲，分别占到链算机总收入㶲的36.15%、34.68%、23.98%。而氧化炼铁氧化放出的㶲所占比例较小。回转窑的㶲支出项中，其中，以出窑料球和烟气带走的㶲为占，其比例分别为52.47%和27.1%，其他如回转窑体表散失的㶲、传热过程的㶲损，燃烧过程的㶲损所占比例相对较小。

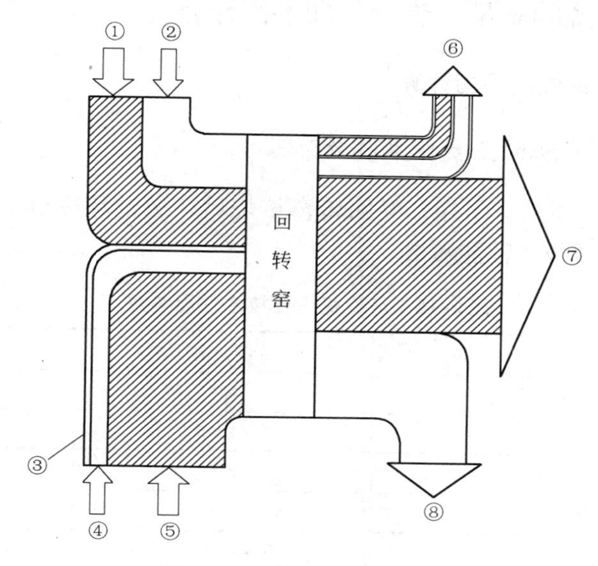


图 6-3　回转窑能量流动图

①—燃料燃烧化学热量；②—二次风带入的热量；③—氧化亚铁氧化热；④—助燃空气带入热量；⑤—入窑料球带入的物理热量；⑥—从左到右依次是风机冷却带走的热量，窑体表面散热量，炉门辐射热，漏风及其他；⑦—熟料带出的热量；⑧—烟气带出的热量

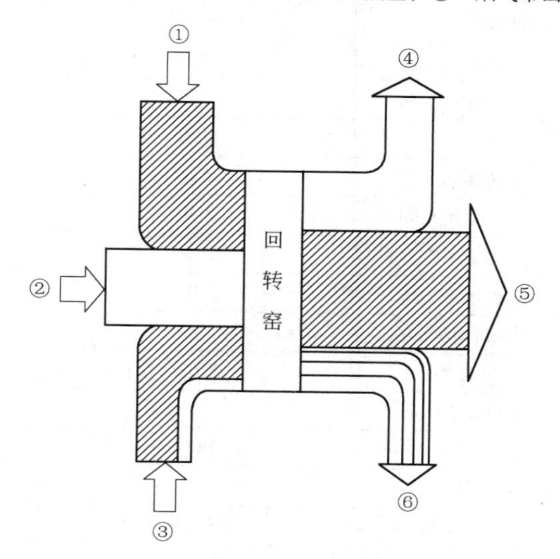


图 6-4　回转窑㶲流动图

①—入窑物料带入的㶲；②—燃料的化学㶲；③—依次是回转窑二次风带入的㶲，氧化亚铁氧化放出的㶲；④—烟气带出㶲；⑤—出窑物料带出的㶲；⑥—从左到右依次是回转窑炉体表面散失的㶲，传热过程的㶲损失，燃烧过程㶲损失，其他㶲损失

## 6.3 环冷机系统的质量、热量、㶲平衡计算

### 6.3.1 环冷机系统质量平衡计算

#### 6.3.1.1 环冷机的主要技术参数

球团在链箅机预热、干燥，经回转窑焙烧后，通过环冷机进行冷却。表6-16为环冷机的主要技术性能参数。

表6-16 环冷机主要技术性能参数

| 项目 | | 设计值 | 实测值 |
|---|---|---|---|
| 有效面积/$m^2$ | | 121 | |
| 中径/m | | $\phi$18.5 | |
| 台车宽度/m | | 2.5 | |
| 台车数量 | | 40 | |
| 台车速度/$m \cdot min^{-1}$ | | 0.45~1.35 | 1.11 |
| 正常处理能力/$t \cdot h^{-1}$ | | 270（最大330） | 274.24 |
| 料层厚度/mm | | 760 | |
| 正常冷却时间/min | | 48 | |
| 回转一周所需时间/min | | 46.5~139.6 | |
| 环冷机一冷段 | 有效面积/$m^2$ | 32 | |
| | 冷却时间/min | 12.9 | |
| | 风温/℃ | 1100 | 1095.9 |
| 环冷机二冷段 | 有效面积/$m^2$ | 22 | |
| | 冷却时间/min | 8.9 | |
| | 风温/℃ | 780 | 752 |
| 环冷机三冷段 | 有效面积/$m^2$ | 30 | |
| | 冷却时间/min | 11.8 | |
| | 风温/℃ | 310 | 162 |
| 环冷机四冷段 | 有效面积/$m^2$ | 36 | |
| | 冷却时间/min | 14.4 | |
| | 风温/℃ | 101 | 131 |
| 处理物料 | 物料种类 | 热球团矿 | |
| | 给料温度/℃ | 约1200 | 1220 |
| | 给料粒度/mm | 8~16 | |
| | 卸料温度/℃ | <150 | 31.3 |
| | 物料堆密度/$t \cdot m^{-3}$ | 2.1 | |

续表 6-16

| 项目 | | 设计值 | 实测值 |
|---|---|---|---|
| 传动装置 | 形式 | 销齿传动 | |
| | 数量 | 2 | |
| 电动机 | 型号 | YTSP180L-6 | |
| | 功率/kW | 15×2 | |
| | 转速/$r \cdot min^{-1}$ | 970 | |
| 主减速器 | 型号 | PX8085T4TTV315 | |
| | 速比 | 315 | |

#### 6.3.1.2 环冷机系统物料收入项

(1) 进环冷机物料质量 $G_{C_4}$。经过环冷机尾部出料中［FeO］的含量反算得到入口质量 $G_{C_4}=308.96t/h$。

(2) 1号风机进环冷机风量 $G_{1号}$。通过现场数据采集得到各段动压，计算得到各段流量如表6-17所示。

表 6-17 各风机流量

| 位置 | 1号风机 | 2号风机 | 3号风机 |
|---|---|---|---|
| 流量/$m^3 \cdot h^{-1}$ | 145397.8 | 136612.1 | 178497.12 |

$G_{1号}=163.82t/h$ （参见式(3-27)～式(3-29)）

(3) 2号风机进环冷机风量 $G_{2号}$：（参见式（3-30））

$$G_{2号}=153.92t/h$$

(4) 3号风机进环冷机风量 $G_{3号}$（参见式（3-31））：

$$G_{3号}=201.11t/h$$

#### 6.3.1.3 环冷机系统物料支出项

(1) 球团出料量 $G_{H1}$。由现场成品秤累计得到：$G_{H1}=308.08t/h$

(2) 一冷段排出气体量 $G_{一冷}$（t/h）。一冷段排出的气体作为二次风进入回转窑，因此，二者相等，即（参见公式（3-32））：

$$G_{一冷}=G_{二次风}=91.59t/h$$

(3) 二冷段排出气体量 $G_{二冷}$（t/h）。根据质量平衡得到：$G_{二冷}=138.31t/h$

(4) 三冷段排出气体量 $G_{三冷}$（t/h）。三冷段排出气体进入鼓风干燥段，即有（参见公式（3-34））：

$$G_{三冷}=G_{鼓风段}=197.14t/h$$

（5）四冷段排出气体量（参见公式（3-35））：

$$G_{四冷}=92.62\mathrm{t/h}$$

（6）漏风量 $G'_{漏风}$(t/h)（参见公式（3-36））：

$$G'_{漏风}=40.49\mathrm{t/h}$$

根据物料质量平衡（参见公式（3-37））：

$$G_{C_4}+G_{1号}+G_{2号}+G_{3号}=G_{H1}+G_{一冷}+G_{二冷}+G_{三冷}+G_{四冷}+G'_{漏风}+\Delta G$$

$$\Delta G=-39.41\mathrm{t/h}$$

通过以上计算可以得到环冷机系统的质量平衡表，如表6-18所示。

表6-18 环冷机质量平衡表

| 收入项 | | | | 支出项 | | | |
|---|---|---|---|---|---|---|---|
| 符号 | 项 目 | t/h | % | 符号 | 项 目 | t/h | % |
| $G_{C_4}$ | 进环冷机料球量 | 308.96 | 37.32 | $G_{H1}$ | 料球出料量 | 308.08 | 37.22 |
| $G_{1号}$ | 1号风机进环冷机风量 | 163.82 | 19.79 | $G_{一冷}$ | 一冷段排出气体量 | 91.59 | 10.94 |
| $G_{2号}$ | 2号风机进环冷机风量 | 153.92 | 18.59 | $G_{二冷}$ | 二冷段排出气体量 | 138.31 | 16.71 |
| $G_{3号}$ | 3号风机进环冷机风量 | 201.11 | 24.29 | $G_{三冷}$ | 三冷段排出气体量 | 197.14 | 23.81 |
| | | | | $G_{四冷}$ | 四冷段排出气体量 | 92.62 | 11.19 |
| | | | | $G'_{漏风}$ | 漏风量 | 40.49 | 4.89 |
| | | | | $\Delta G$ | 差值 | −39.41 | −4.76 |
| 合 计 | | 827.81 | 100.00 | 合 计 | | 828.82 | 100.00 |

## 6.3.2 环冷机系统热量平衡计算

### 6.3.2.1 环冷机热平衡测定及计算准则

（1）基准温度。本规定采用以环境温度作为计算的基准温度。

（2）热平衡的范围。本规定的热平衡范围是从回转窑窑尾出口到环冷机熟料出口。

（3）热平衡测定时间及次数。

1）所有必测参数应在环冷机生产正常稳定条件下进行测定。

2）整个系统的热平衡测定次数为两次。

3）进入系统的生料物理水、灼减量及熟料的理化检测在测定期间内送检三次。

4）燃料组成和发热量可一次取样检测。

5）在一个测定周期内，风温、风压、风量要测定两次，气体成分要分析四次。

（4）计算单位。物料平衡及气体平衡分别按单位时间的质量及体积计算，即 kg/h，$m^3/h$ ，热平衡按单位时间出窑制品的热量计算，即 kJ/h。

### 6.3.2.2 环冷机质能测试方案

环冷机质能测试内容及方法如表 6-19 所示。

表 6-19 环冷机质能测试内容及方法

| 序号 | 名 称 | 符号 | 单位 | 计算公式或数据来源 | 测试方法 | 测 点 |
|---|---|---|---|---|---|---|
| 1 | 进料的质量 | $G_1$ | kg/h | — | 由产量反算 | — |
| 2 | 进料的温度 | $T_1$ | ℃ | 现场测试 | 红外测温仪 | 环冷机入口 |
| 3 | 进料的成分 | — | — | 入口处取样 | 化验分析 | 环冷机入口 |
| 4 | 出料的质量 | $G_2$ | kg/h | 仪器记录 | 电子秤 | 环冷机出口 |
| 5 | 出料的温度 | $T_2$ | ℃ | 现场测试 | 温度计 | 环冷机出口 |
| 6 | 出料的成分 | — | — | 出口处取样 | 化验分析 | 环冷机出口 |
| 7 | 1 号、2 号、3 号冷却风机气体流量 | $V_3$、$V_4$、$V_5$ | $m^3/h$ | 现场测试 | 皮托管 | 风机入口管道打孔测 |
| 8 | 1 号、2 号、3 号冷却风机气体温度 | $T_5$、$T_4$、$T_3$ | ℃ | 现场测试 | 温度计 | 风机入口管道打孔测 |
| 9 | 一冷段排出气体成分 | — | — | 入口处取样 | 分析 | 出口管道 |
| 10 | 一冷段排出气体流量 | $V_6$ | $m^3/h$ | — | 根据元素守恒计算 | — |
| 11 | 一冷段排出气体温度 | $T_6$ | ℃ | 现场测试 | 热电偶 | 一冷管道 |
| 12 | 二冷段排出气体成分 | — | — | 现场测试 | — | 二冷管道 |
| 13 | 二冷段排出气体流量 | $V_7$ | $m^3/h$ | 现场测试 | 皮托管 | 二冷管道 |
| 14 | 二冷段排出气体温度 | $T_7$ | | 现场测试 | 热电偶 | 二冷管道 |
| 15 | 三冷段排出气体成分 | — | — | 近似空气 | — | — |
| 16 | 三冷段排出气体流量 | $V_8$ | $m^3/h$ | 现场测试 | 皮托管 | 三冷管道 |

续表 6-19

| 序号 | 名　称 | 符号 | 单位 | 计算公式或数据来源 | 测试方法 | 测　点 |
|---|---|---|---|---|---|---|
| 17 | 三冷段排出气体温度 | $T_8$ | ℃ | 现场测试 | 热电偶 | 三冷管道 |
| 18 | 四冷段放空气体成分 | — | — | 近似空气 | — | — |
| 19 | 四冷段放空气体流量 | $V_9$ | $m^3/h$ | 现场测试 | 皮托管 | 四冷管道 |
| 20 | 四冷段放空气体温度 | $T_9$ | ℃ | 现场测试 | 热电偶 | 四冷管道 |
| 21 | 前挡板水冷水的流量 | $G_{14}$ | kg/h | 控制室数据 | — | — |
| 22 | 前挡板的出水温度 | $T_{14}$ | ℃ | 控制室数据 | — | — |
| 23 | 前挡板风冷出风的流量 | $V_{13}$ | $m^3/h$ | 现场测试 | 皮托管 | 隔墙风放散出口 |
| 24 | 前挡板风冷出风温度 | $T_{13}$ | ℃ | 现场测试 | 温度计 | 隔墙风放散出口 |
| 25 | 后挡板水冷水流量 | $G_{12}$ | kg/h | 控制室数据 | — | — |
| 26 | 后挡板水冷水温度 | $T_{12}$ | ℃ | 控制室数据 | — | — |
| 27 | 三段隔墙风冷出风流量 | $V_{gi}$ | $m^3/h$ | 现场测试 | 皮托管 | 隔墙风出口 |
| 28 | 三段隔墙风冷出风温度 | $T_{gi}$ | ℃ | 现场测试 | 温度计 | 隔墙风出口 |
| 29 | 环冷 1 段外表面（炉墙、炉顶端墙外表面）温度 | $T_{wi1}$ | ℃ | 现场测试 | 低温红外 | 环冷机外 |
| 30 | 环冷 2 段外表面（炉墙、炉顶端墙外表面）温度 | $T_{wi2}$ | ℃ | 现场测试 | 低温红外 | 环冷机外 |
| 31 | 环冷 3 段外表面（炉墙、炉顶端墙外表面）温度 | $T_{wi3}$ | ℃ | 现场测试 | 低温红外 | 环冷机外 |
| 32 | 环冷 4 段外表面（炉墙、炉顶端墙外表面）温度 | $T_{wi4}$ | ℃ | 现场测试 | 低温红外 | 环冷机外 |

#### 6.3.2.3 环冷机系统热量收入项

(1) 进环冷机球团带入热量 $Q_{H1}$。进入的球团质量 $m_{H1}=308.96\text{t/h}$，温度 $T_{H1}=1483.15\text{K}$，根据球团成分，计算其带入热量，则

$$Q_{H1}=331.27\times10^6\text{kJ/h}$$

(2) 球团矿在环冷机内氧化放热 $Q_{H2}$。取样化验成分，回转窑入口处环冷机进口 FeO 含量为 1.12%，出口含量为 0.21%，查表得到反应热，通过计算得到（参见公式（4-25））：

$$\begin{aligned}Q_{H2}&=\Delta H\times n_{FeO}\\&=119\times(307.7688\times1.12\%-308.08\times0.21\%)\times10^6\div71.846\\&=4.64\text{kJ/h}\end{aligned}$$

(3) 1 号风机带入热量 $Q_{H3}$。1 号风机带入气体的流量 $V_{1号}=145397.8\text{m}^3/\text{h}$，温度 $T_{H3}=298.15\text{K}$，根据气体成分，计算带入热量，则（参见公式（4-26））：

$$Q_{H3}=2.49\times10^6\text{kJ/h}$$

(4) 2 号风机带入热量 $Q_{H4}$。2 号风机带入气体的流量 $V_{2号}=136612.1\text{m}^3/\text{h}$，温度 $T_{H4}=298.15\text{K}$，根据气体成分，计算其带入热量，则：

$$Q_{H4}=2.34\times10^6\text{kJ/h}$$

(5) 3 号风机带入热量 $Q_{H5}$。3 号风机带入气体的流量 $V_{3号}=178497.72\text{m}^3/\text{h}$，温度 $T_{H5}=298.15\text{K}$，计算其带入热量，则：

$$Q_{H5}=3.05\times10^6\text{kJ/h}$$

#### 6.3.2.4 环冷机系统热量支出项

(1) 一冷段排出烟气带走的热量 $Q'_{H1}$。环冷一段排出烟气的流量 $m'_{H1}=90.58\text{t/h}$，温度 $T'_{H1}=1373.45\text{K}$，计算其带出热量，则：

$$Q'_{H1}=106.77\times10^6\text{kJ/h}$$

(2) 二冷段排出烟气带走的热量 $Q'_{H2}$。环冷二段排出的烟气即为进入链算机预热一段的气体，因此，环冷二段排出烟气带走的热量为进入链算机预热一段气体带入的热量加上输送过程的管道损失，进入预热一段气体带入的热量用链算机部分的计算结果，管道损失见下面计算，则：

$$Q'_{H2}=Q_{L4}+Q'_{H2损}=126.65\times10^6\text{kJ/h}$$

(3) 三冷段排出气体带走热量 $Q'_{H3}$。环冷三段排出烟气即为进入链算机鼓风干燥段的气体，因此，环冷三段排出烟气带走的热量为进入链算机鼓风干燥段气体带入的热量加上输送过程的管道损失，计算时进入鼓风干燥段气体带入的热量用链算机部分的计算结果，管道损失见下面计算，则：

$$Q'_{H3}=Q_{L2}+Q'_{H3损}=57.51\times10^6\text{kJ/h}$$

（4）四冷段放空的气体带走热量 $Q'_{H4}$。环冷四段放空烟气的流量 $V'_{H4}=$ 92.62t/h，温度 $T'_{H4}=378.6$K，计算带出热量，则：

$$Q'_{H4}=7.57\times10^6\text{kJ/h}$$

（5）出料球团带出热量 $Q'_{H5}$。由环冷机出来的球团的质量 $m'_{H5}=309.08$t/h，温度 $T'_{H5}=305.28$K，计算其带出热量，则：

$$Q'_{H5}=1.43\times10^6\text{kJ/h}$$

（6）环冷机隔墙风冷带出热量 $Q'_{H6}$。环冷机隔墙平均差压 20.8Pa，平均温度 305.9℃，代入下面公式得到风速 3.88m/s，风量 $V'_{H6}=1865.6\text{m}^3/\text{h}$（标态）：

$$w=\sqrt{\frac{2\times\mu\times p_d}{\rho}\times\frac{p+p_0}{p}\times\frac{273}{273+T}}=3.88\text{m/s}\quad（参见公式（4-27））$$

$$V'_{H6}=\frac{\pi}{4}d^2\times w\times3600=1865.6\text{m}^3/\text{h}\quad（参见公式（4-28））$$

根据气体成分，查表在此温度下气体的比热容 $c'_{H6}=1.319\text{kJ/(m}^3\cdot℃)$，在环境温度下的比热容 $c'_{eH6}=1.302\text{kJ/(m}^3\cdot℃)$，则（参见公式（4-29））：

$$Q'_{H6}=V'_{H6}\times(T'_{H6}\times c'_{H6}-T_e\times c'_{eH6})=0.12\times10^6\text{kJ/h}$$

（7）环冷机固定筛高端水冷带出热量 $Q'_{H7}$。固定筛高端水流量为 $V'_{H7}=33.15\text{m}^3/\text{h}$，冷却水进口温度 $T_{H7}=47℃$，查表得，水的比热容 $c_{H7}=4.174\text{kJ/(kg}\cdot℃)$；冷却水出口温度 $T'_{H7}=56.22℃$，查表得，比热容 $c'_{H7}=4.177\text{kJ/(kg}\cdot℃)$，则（参见公式（4-30））：

$$Q'_{H7}=V'_{H7}\times(T'_{H7}\times c'_{H7}-T_{H7}\times c_{H7})=1.57\times10^6\text{kJ/h}$$

（8）环冷机固定筛低端水冷带出热量 $Q'_{H8}$。固定筛低端水流量为 $V'_{H8}=11.0\text{m}^3/\text{h}$，冷却水进口温度 $T_{H8}=47℃$，查表得，水的比热容 $c_{H8}=4.174\text{kJ/(kg}\cdot℃)$；冷却水出口温度 $T'_{H8}=58.94℃$，查表得，比热容 $c'_{H8}=4.178\text{kJ/(kg}\cdot℃)$，则（参见公式（4-31））：

$$Q'_{H8}=V'_{H8}\times(T'_{H8}\times c'_{H8}-T_{H8}\times c_{H8})=0.56\times10^6\text{kJ/h}$$

（9）环冷机平料托冷却水带出热量 $Q'_{H9}$。平料托冷却水的流量 $V'_{H9}=33.0\text{m}^3/\text{h}$，冷却水进口温度 $T_{H9}=47℃$，查表得，水的比热容 $c_{H9}=4.174\text{kJ/(kg}\cdot℃)$；冷却水出口温度 $T'_{H9}=63.43℃$，查表得，比热容 $c'_{H9}=4.182\text{kJ/(kg}\cdot℃)$，则（参见公式（4-32））：

$$Q'_{H9}=V'_{H9}\times(T'_{H9}\times c'_{H9}-T_{H9}\times c_{H9})=2.56\times10^6\text{kJ/h}$$

（10）环冷机受料斗隔墙风冷带出热量 $Q'_{H10}$。受料斗隔墙风冷的流量 $V'_{H10}=3469\text{m}^3/\text{h}$，冷却风进口温度 $T_{H10}=25.7℃$，查表得，气体的比热容 $c_{H10}=1.302\text{kJ/(m}^3\cdot℃)$；冷却风出口温度 $T'_{H10}=94.3℃$，查表得，比热容 $c'_{H10}=$

1.305kJ/(m$^3$·℃)，则（参见公式（4-33））：

$$Q'_{H10}=V'_{H10}\times(T'_{H10}\times c'_{H10}-T_{H10}\times c_{H10})=0.32\times10^6\text{kJ/h}$$

（11）固定筛条冷却水带出的热量 $Q'_{H11}$。固定筛条冷却水量 $V'_{H11}$=164.94m$^3$/h，冷却水进口温度 $T_{H11}$=47℃，查表得，水的比热容 $c_{H11}$=4.174kJ/(kg·℃)；冷却水出口温度 $T'_{H11}$=49.10℃，查表得，比热容 $c'_{H11}$=4.174kJ/(kg·℃)，则（参见公式（4-34））：

$$Q'_{H11}=V'_{H11}\times(T'_{H11}\times c'_{H11}-T_{H11}\times c_{H11})=2.2\times10^6\text{kJ/h}$$

（12）环冷机向外散失热量 $Q'_{H12}$。

1）环冷机一段向外散失热量 $\Delta Q_{S1}$(kJ/h)（表6-20）：

$$\Delta Q_{S1}=\sum q_{i1}$$

环冷一段炉墙、炉顶及端墙散热 $\sum q_{i1}$（kJ/h）：

$$\sum q_{i1}=\sum 3.6\alpha_{i1}A_{i1}(T_{wi1}-T_e)$$

**表6-20　环冷一段散热量**

| 项　目 | 炉顶 | 机壁（转） | 机壁（不转） | 炉底 |
|---|---|---|---|---|
| 表面平均温度 $t_{wi}$/℃ | 114.87 | 110.06 | 139.61 | 29.62 |
| 面积 $A_i$/m$^2$ | 52.7 | 92.15 | 56.35 | 47.25 |
| 综合换热系数 | 17.47 | 15.05 | 16.73 | 7.25 |
| 热流 $q_i$/×10$^6$kJ·h$^{-1}$ | 0.30 | 0.42 | 0.39 | 0.005 |

2）环冷二段炉墙、炉顶及端墙散热 $\sum q_{i2}$（表6-21）：

**表6-21　环冷二段散热量**

| 项　目 | 炉顶 | 机壁（转） | 机壁（不转） | 炉底 |
|---|---|---|---|---|
| 表面平均温度 $t_{wi}$/℃ | 90.13 | 130.83 | 127.54 | 27.77 |
| 面积 $A_i$/m$^2$ | 64.8 | 92.15 | 56.35 | 43.37 |
| 综合换热系数 | 15.86 | 16.23 | 16.04 | 6.88 |
| 热流 $q_i$/×10$^6$kJ·h$^{-1}$ | 0.24 | 0.57 | 0.33 | 0.003 |

3）环冷机三段、四段向外散失热量 $\Delta Q_{S3}$、$\Delta Q_{S4}$（kJ/h）（表6-22、表6-23）：

$$\Delta Q_{S3}=\sum q_{i3}+q_{d3}，\Delta Q_{S4}=\sum q_{i4}+q_{d4}$$

环冷三段、四段炉墙、炉顶及端墙散热 $\sum q_{i3}$，$\sum q_{i4}$

$$\sum q_{i3}=\sum 3.6\alpha_{i3}A_{i3}(T_{wi3}-T_e)$$

$$\sum q_{i4} = \sum 3.6\alpha_{i4}A_{i4}(T_{wi4} - T_e)$$

**表 6-22 环冷三段散热量**

| 项 目 | 炉顶 | 机壁（转） | 机壁（不转） | 炉底 |
|---|---|---|---|---|
| 表面平均温度 $t_{wi}$/℃ | 105.83 | 122.92 | 48.48 | 28.58 |
| 面积 $A_i$/m² | 129.6 | 184.3 | 112.7 | 88.25 |
| 综合换热系数 | 16.9 | 15.78 | 11.01 | 7.06 |
| 热流 $Q_i$/×10⁶kJ · h⁻¹ | 0.63 | 1.02 | 0.12 | 0.007 |

**表 6-23 环冷四段散热量**

| 项 目 | 炉顶 | 机壁（转） | 机壁（不转） | 炉底 |
|---|---|---|---|---|
| 表面平均温度 $t_{wi}$/℃ | 98.05 | 59.98 | 33.53 | 27.93 |
| 面积 $A_i$/m² | 129.6 | 184.3 | 112.7 | 88.25 |
| 综合换热系数 | 16.39 | 11.93 | 9.33 | 6.92 |
| 热流 $Q_i$/×10⁶kJ · h⁻¹ | 0.55 | 0.27 | 0.03 | 0.005 |

环冷机总散热为：$Q'_{H12} = 4.9\times10^6$ kJ/h

(13) 管道散热损失 $Q'_{H13}$。由于环冷一段管道长度较短，环冷四段气体放空，因此忽略环冷一段和环冷四段管道热损失，仅计算环冷二段和环冷三段的散热损失（表 6-24）。

**表 6-24 管道散热计算参数**

| 管 道 | 直径 /mm | 长度 /mm | 管壁温度 /℃ | 室温 /℃ | $Pr$ | 导热系数 /×10²kJ ·（m · h）⁻¹ | 运动黏度 /×10⁶m² · s⁻¹ | 管道散热量 /×10⁶kJ · h⁻¹ |
|---|---|---|---|---|---|---|---|---|
| 1 号耐热风机 | 3330 | 95000 | 111 | 25.7 | 0.724 | 9.09 | 15.60 | 4.76 |
| 2 号耐热风机 | 2460 | 190158 | 53 | 25.7 | 0.724 | 9.09 | 15.60 | 1.66 |

计算的管道散热总损失为（参见公式（4-44））：

$$Q'_{H13} = (4.76+1.66)\times10^6 = 6.42\times10^6 \text{kJ/h}$$

根据以上各项的计算结果，可以得到环冷机的热效率（参见公式（4-45））：

$$\eta_H = \frac{\sum Q_{回收利用}}{\sum Q_{收入}} = \frac{Q'_1+Q'_2+Q'_3}{Q_1+Q_2+Q_3+Q_4+Q_5}\times100\% = 84.62\%$$

通过热收入项和热支出项的计算可以建立环冷机系统的热平衡表，如表6-25所示。

表 6-25 环冷机热平衡表

| 热收入项 | | | | 热支出项 | | | |
|---|---|---|---|---|---|---|---|
| 符号 | 项 目 | ×10⁶kJ/h | % | 符号 | 项 目 | ×10⁶kJ/h | % |
| $Q_{H1}$ | 料球带入热量 | 331.27 | 96.36 | $Q'_{H1}$ | 环冷一段排气带出热量 | 106.77 | 41.94 |
| $Q_{H2}$ | 料球氧化放热 | 4.64 | 1.35 | $Q'_{H2}$ | 环冷二段排气带出热量 | 126.65 | 43.32 |
| $Q_{H3}$ | 1号风机带入热量 | 2.49 | 0.72 | $Q'_{H3}$ | 环冷三段排气带出热量 | 57.51 | 8.6 |
| $Q_{H4}$ | 2号风机带入热量 | 2.34 | 0.68 | $Q'_{H4}$ | 环冷四段放空带出热量 | 7.57 | 5.12 |
| $Q_{H5}$ | 3号风机带入热量 | 3.05 | 0.89 | $Q'_{H5}$ | 出料带出热量 | 1.43 | 0.32 |
| | | | | $Q'_{H6}$ | 环冷机隔墙风冷带出热量 | 0.12 | 0.04 |
| | | | | $Q'_{H7}$ | 环冷机固定筛高端水带出热量 | 1.57 | 0.46 |
| | | | | $Q'_{H8}$ | 环冷机固定筛低端水带出热量 | 0.56 | 0.16 |
| | | | | $Q'_{H9}$ | 平料托冷却水带出热量 | 2.56 | 0.74 |
| | | | | $Q'_{H10}$ | 受料斗隔墙风冷带出热量 | 0.32 | 0.09 |
| | | | | $Q'_{H11}$ | 固定筛条冷却水带出热量 | 2.2 | 0.64 |
| | | | | $Q'_{H12}$ | 环冷机向外散失热量 | 4.9 | 1.42 |
| | | | | $Q'_{H13}$ | 管道散失热量 | 6.42 | 1.87 |
| | | | | | 其他热量 | 25.21 | 7.90 |
| 合 计 | | 343.79 | 100.00 | 合 计 | | 343.79 | 100.00 |

## 6.3.3 环冷机系统烟平衡计算

### 6.3.3.1 进入环冷机系统的烟值

（1）进入环冷机物料带入的烟值 $Ex_{h1}$。根据能量守恒原理，假定物料由回转窑到环冷机入口的过程中没有烟损失，则：

$$Ex_{h1} = Ex'_{H1} = 169.02\times10^6 kJ/h$$

(2) 氧化亚铁氧化放热带入的㶲值 $Ex_{h2}$。由公式（5-3）计算得：

$$Ex_{L5} = \Delta G^{\ominus} \times \Delta[FeO] = 14.19 \times 10^6 kJ/h$$

#### 6.3.3.2 离开环冷机系统的㶲值及㶲损

(1) 一冷段排出气体所带的㶲值 $Ex'_{h1}$。由于环冷机一冷段排出的气体作为回转窑部分的二次风，计算得：

$$Ex'_{h1} = Ex_{H3} = 77.23 \times 10^6 kJ/h$$

(2) 从二冷段排出气体所带的㶲值 $Ex'_{h2}$。从二冷段排出气体的流量为 $138514m^3/h$，温度为 1025.15K，根据气体成分查得此温度下气体的比热容 $c_{h2} = 1.379kJ/(m^3 \cdot K)$，将数据代入公式（5-2）得：

$$Ex'_{h2} = 68.35 \times 10^6 kJ/h$$

(3) 从三冷段排出气体所带的㶲值 $Ex'_{h3}$。由于环冷机三冷段排出的气体作为链算机部分鼓风干燥的热风，计算得：

$$Ex'_{h3} = Ex_{L2} = 4.36 \times 10^6 kJ/h$$

(4) 一冷段传热过程㶲损失 $Ex'_{h4}$。在一冷段传热过程中，存在一定的温差，因此该传热过程是不可逆过程。根据公式（5-16），代入相应的数值，可以求出该过程的传热㶲损失。在该过程中，计算温度均为平均温度，于是可知在一冷段，气体的平均温度 $T_W = 944K$，物料的平均温度 $T_H = 1400K$，于是可得：

$$Ex'_{h4} = 13.88 \times 10^6 kJ/h$$

(5) 二冷段传热过程㶲损失 $Ex'_{h5}$。在二冷段传热过程中，存在一定的温差，因此该传热过程是不可逆过程。根据公式（5-16），代入相应的数值，可以求出该过程的传热㶲损失。在该过程中，计算温度均为平均温度，于是可知在二冷段，气体的平均温度 $T_W = 751K$，物料的平均温度 $T_H = 970K$，于是可得：

$$Ex'_{h5} = 12.49 \times 10^6 kJ/h$$

(6) 三冷段传热过程㶲损失 $Ex'_{h6}$。在三冷段传热过程中，存在一定的温差，因此该传热过程是不可逆过程。根据公式（5-16），代入相应的数值，可以求出该过程的传热㶲损失。在该过程中，计算温度均为平均温度，于是可知在三冷段，气体的平均温度 $T_W = 363K$，物料的平均温度 $T_H = 525K$，于是可得：

$$Ex'_{h6} = 7.01 \times 10^6 kJ/h$$

(7) 四冷段传热过程㶲损失 $Ex'_{h7}$。在四冷段传热过程中，存在一定的温差，因此该传热过程是不可逆过程。根据公式（5-16），代入相应的数值，可以求出该过程的传热㶲损失。在该过程中，计算温度均为平均温度，于是可知在四冷段，气体的平均温度 $T_W = 352K$，物料的平均温度 $T_H = 377K$，于是可得：

$$Ex'_{h7} = 0.93 \times 10^6 kJ/h$$

根据㶲效率的定义，环冷机系统的㶲效率计算如下：

$$\eta=\frac{\text{一冷排出气体所带的㶲}+\text{二冷排出气体所带的㶲}+\text{三冷排出气体所带的㶲}}{\text{进入系统的总㶲}}$$

$=82.15\%$

根据以上的计算可以建立链箅机系统的㶲平衡表，如表6-26所示。

**表6-26 环冷机系统㶲平衡表**

| 收入项 | | | | 支出项 | | | |
|---|---|---|---|---|---|---|---|
| 符号 | 内 容 | $\times10^6$kJ/h | % | 符号 | 内 容 | $\times10^6$kJ/h | % |
| $Ex_{h1}$ | 进入环冷机物料带入的㶲 | 169.02 | 92.25 | $Ex'_{h1}$ | 一冷段排出气体所带㶲 | 77.23 | 42.15 |
| $Ex_{h2}$ | 氧化亚铁氧化放出的㶲 | 14.19 | 7.75 | $Ex'_{h2}$ | 二冷段排出气体所带㶲 | 68.35 | 37.31 |
| | | | | $Ex'_{h3}$ | 三冷段排出气体所带㶲 | 4.36 | 2.38 |
| | | | | $Ex'_{h4}$ | 一冷段传热㶲损失 | 13.88 | 7.58 |
| | | | | $Ex'_{h5}$ | 二冷段传热㶲损失 | 12.49 | 6.82 |
| | | | | $Ex'_{h6}$ | 三冷段传热㶲损失 | 7.01 | 3.83 |
| | | | | $Ex'_{h7}$ | 四冷段传热㶲损失 | 0.93 | 0.5 |
| | | | | $Ex'_{h8}$ | 其他㶲损失 | -1.04 | -0.57 |
| 合 计 | | 183.21 | 100 | 合 计 | | 183.21 | 100 |

### 6.3.4 计算结果分析和研究

图6-5、图6-6形象地展示了环冷机系统热量、㶲收入项和支出项中各组成部分所占的比例。

从图6-5可以看出，环冷机热量收入项中物料带进热量几乎是唯一来源；在环冷机各支出项中，环冷机一、二、三段烟气带出热量占了很大比例，为93.86%，在节能方面可以考虑措施。

从图6-6可以看出，环冷机的㶲收入主要来自料球进入环冷机所带入的㶲，占总量的92.25%。环冷机的㶲支出项中，其中一冷和二冷排出的气体所带的

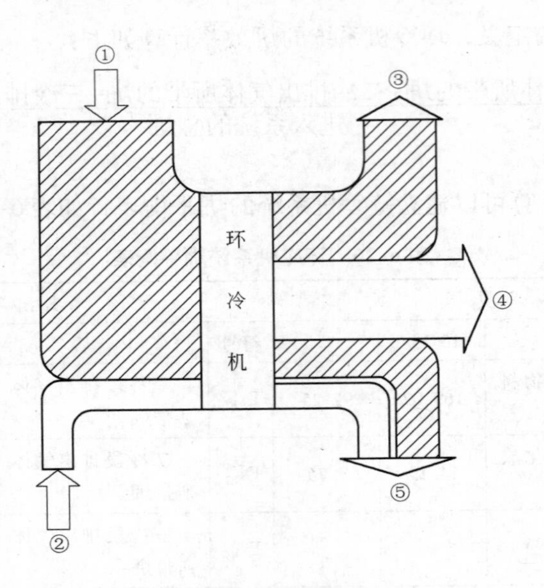


图 6-5 环冷机能量流动图

①—料球带入热量；②—分别是料球氧化放热，1 号风机带入热量，2 号风机带入热量，3 号风机带入热量；③—环冷一段排气带出热量；④—环冷二段排气带出热量；⑤—从上到下依次是环冷三段排气带出热量，环冷四段放空带出热量，出料带出热量，环冷机隔墙风冷带出热量，环冷机固定筛高端水带出热量，环冷机固定筛低端水带出热量，平料托冷却水带出热量，受料斗隔墙风冷带出热量，固定筛条冷却水带出热量，环冷机向外散失热量，管道散失热量，其他热量

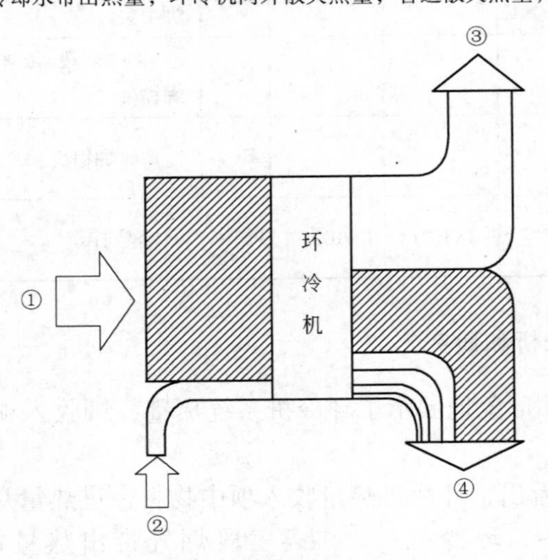


图 6-6 环冷机㶲流动图

①—入环冷机物料带入的㶲；②—氧化亚铁氧化放出的㶲；③—一冷段排出气体所带㶲；④—依次是二冷段排出气体所带㶲，三冷段排出气体所带㶲，一冷段传热㶲损失，二冷段传热㶲损失，三冷段传热㶲损失，四冷段传热㶲损失，其他㶲损失

烟占多数，其比例分别为42.15%和37.31%。相对而言，三冷段排气所带烟及过程中的传热烟损较小。

## 6.4 链箅机-回转窑-环冷机系统节能分析计算

### 6.4.1 链箅机-回转窑-环冷机系统热平衡表及烟平衡表

通过前面对链箅机、回转窑、环冷机三部分热支出项和热收入项的计算，根据热风图，可以看出系统内部烟气的流动方向。对系统的整体作分析，考虑整体的收入项和支出项。根据分析计算，建立链-回-环系统的热平衡表，如表6-27、表6-28所示。

表6-27 链箅机-回转窑-环冷机系统热平衡表

| 收入热量 | | | | 支出热量 | | | |
|---|---|---|---|---|---|---|---|
| 符号 | 项目 | $\times10^6$kJ/h | % | 符号 | 项目 | $\times10^6$kJ/h | % |
| $Q_1$ | 系统进料 | 1.65 | 0.57 | $Q'_1$ | 系统出料 | 1.43 | 0.49 |
| $Q_2$ | 1号风机空气量 | 2.49 | 0.85 | $Q'_2$ | 鼓风干燥段出口 | 3.23 | 1.11 |
| $Q_3$ | 2号风机空气量 | 2.34 | 0.80 | $Q'_3$ | DDD + PHI （东）出口 | 29.11 | 9.99 |
| $Q_4$ | 3号风机空气量 | 3.05 | 1.05 | $Q'_4$ | DDD + PHI （西）出口 | 32.56 | 11.17 |
| $Q_5$ | 助燃空气 | 0.10 | 0.03 | $Q'_5$ | 环冷出口 | 7.57 | 2.60 |
| $Q_6$ | 燃料 | 112.22 | 38.51 | $Q'_6$ | 管道散热 | 7.49 | 2.57 |
| $Q_7$ | 预热二段吸风 | 11.74 | 4.03 | $Q'_7$ | 炉体散热 | 27.62 | 9.48 |
| $Q_8$ | 铁氧化放热 | 155.66 | 53.41 | $Q'_8$ | 冷却水带走热 | 10.96 | 3.76 |
| $Q_9$ | 燃料物理热 | 2.19 | 0.75 | $Q'_9$ | 风冷带走热 | 1.55 | 0.53 |
| | | | | $Q'_{10}$ | 炉门辐射散热 | 0.71 | 0.24 |
| | | | | $Q'_{11}$ | 干返料散热 | 1.07 | 0.37 |
| | | | | $Q'_{12}$ | 水分蒸发 | 77.14 | 26.47 |
| | | | | $Q'_{13}$ | 箅板散热 | 67.64 | 23.21 |
| | | | | $\Delta Q$ | 漏风及其他 | 23.36 | 8.02 |
| 合计 | | 291.44 | 100 | 合计 | | 291.44 | 100.00 |

表 6-28 链-回-环系统㶲平衡表

| 收入项 | | | | 支出项 | | | |
|---|---|---|---|---|---|---|---|
| 符号 | 内 容 | $\times10^6$kJ/h | % | 符号 | 内 容 | $\times10^6$kJ/h | % |
| $Ex_{L5}$ | 链算机氧化亚铁氧化放出㶲 | 103.50 | 40.12 | $Ex'_{L2}$ | 鼓风干燥段烟气所带㶲 | 0.56 | 0.22 |
| $Ex_{L6}$ | 算板带入㶲 | 11.85 | 4.59 | $Ex'_{L3}$ | 抽风干燥段与预热一段东侧排出烟气所带的㶲 | 5.45 | 2.11 |
| $Ex_{H2}$ | 燃料的化学㶲 | 111.70 | 43.30 | $Ex'_{L4}$ | 抽风干燥段与预热一段西侧排出烟气所带的㶲 | 6.19 | 2.40 |
| $Ex_{H4}$ | 回转窑氧化亚铁氧化放出㶲 | 16.73 | 6.49 | $Ex'_{L5}$ | 预热二段烟气在管道内㶲损失 | 0.58 | 0.22 |
| $Ex_{h2}$ | 环冷机氧化亚铁氧化放出㶲 | 14.19 | 5.50 | $Ex'_{L6}$ | 干返料的㶲 | 0.53 | 0.21 |
| | | | | $Ex'_{L7}$ | 炉体散热㶲 | 2.03 | 0.79 |
| | | | | $Ex'_{L8}$ | 生料中水分蒸发所耗㶲 | 24.65 | 9.56 |
| | | | | $Ex'_{L9}$ | 算板带出㶲 | 47.27 | 18.32 |
| | | | | $Ex'_{L10}$ | 鼓风干燥段传热㶲损失 | 2.09 | 0.81 |
| | | | | $Ex'_{L11}$ | 抽风干燥段传热㶲损失 | 21.69 | 8.41 |
| | | | | $Ex'_{L12}$ | 预热一段传热㶲损失 | 17.31 | 6.71 |
| | | | | $Ex'_{L13}$ | 预热二段传热㶲损失 | 1.72 | 0.67 |
| | | | | $Ex'_{L14}$ | 链算机吸风混合㶲损失 | 21.89 | 8.49 |
| | | | | $Ex'_{L15}$ | 其他㶲损失 | 3.72 | 1.44 |
| | | | | $Ex'_{H3}$ | 回转窑炉体表面散失㶲 | 7.79 | 3.02 |
| | | | | $Ex'_{H4}$ | 传热㶲损失 | 14.43 | 5.59 |
| | | | | $Ex'_{H5}$ | 燃烧过程㶲损失 | 19.55 | 7.58 |
| | | | | $Ex'_{H6}$ | 其他㶲损失 | 24.02 | 9.31 |

续表 6-28

| 收入项 | | | | 支出项 | | | |
|---|---|---|---|---|---|---|---|
| 符号 | 内 容 | $\times10^6$kJ/h | % | 符号 | 内 容 | $\times10^6$kJ/h | % |
| | | | | $Ex'_{h4}$ | 一冷段传热㶲损失 | 13.88 | 5.38 |
| | | | | $Ex'_{h5}$ | 二冷段传热㶲损失 | 12.49 | 4.84 |
| | | | | $Ex'_{h6}$ | 三冷段传热㶲损失 | 7.01 | 2.72 |
| | | | | $Ex'_{h7}$ | 四冷段传热㶲损失 | 0.93 | 0.36 |
| | | | | $Ex'_{h8}$ | 其他㶲损失 | -1.04 | -0.41 |
| | | | | $Ex'_{hL}$ | 二冷段气体到预热一段管道㶲损失 | 3.23 | 1.25 |
| 合 计 | | 257.97 | 100 | 合 计 | | 257.97 | 100 |

## 6.4.2 链箅机-回转窑-环冷机系统热量收入和支出图

链箅机-回转窑-环冷机系统热量收入和支出图，如图 6-7、图 6-8 所示。

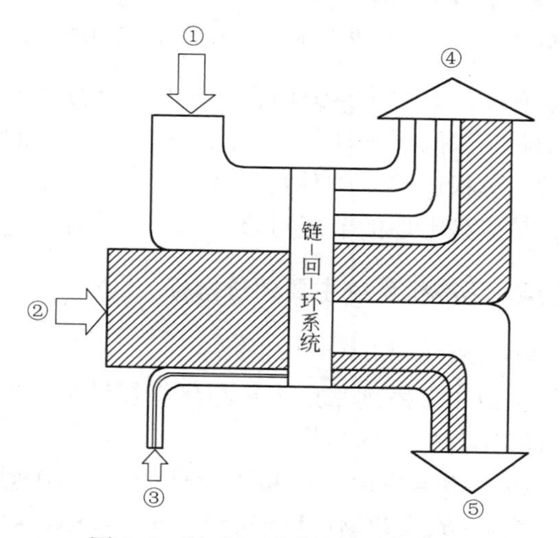


图 6-7 链-回-环系统能量流动图

①—燃料带进热量；②—铁氧化放热；③—依次是系统进料热量，1 号风机空气热量，2 号风机空气热量，3 号风机空气热量，助燃空气热量，预热二段吸风热量，燃料物理热；④—DDD+PHI（东）出口烟气带走热量，DDD+PHI（西）出口烟气带走热量，炉体散热，冷却水带走热，风冷带走热，炉门辐射散热，干返料散热；⑤—依次是水分蒸发带走热量，箅板散热，漏风及其他

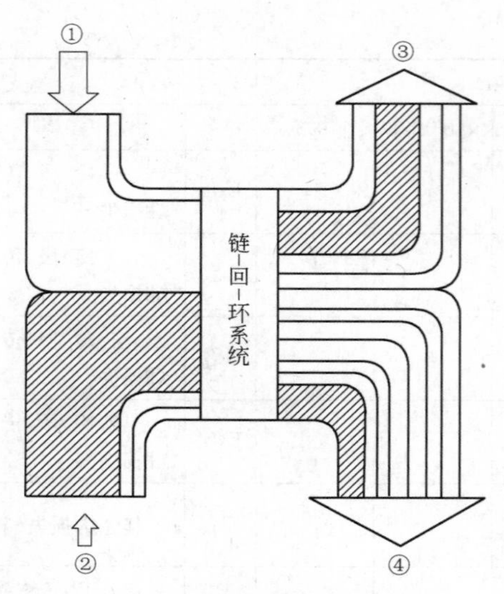


图 6-8 链-回-环系统㶲流动图

①—箅板带入㶲，链箅机氧化亚铁氧化放出㶲；②—燃料的化学㶲，回转窑氧化亚铁氧化放出㶲，环冷机氧化亚铁氧化放出㶲；③—生料中水分蒸发所耗㶲，箅板带出㶲，抽风干燥段传热㶲损失，预热一段传热㶲损失；④—链箅机吸风混合㶲损失，传热㶲损失，燃烧过程㶲损失，一冷段传热㶲损失，二冷段传热㶲损失，鼓风干燥段烟气所带㶲，抽风干燥段与预热一段东侧排出烟气所带的㶲，抽风干燥段与预热一段西侧排出烟气所带的㶲，预热二段烟气在管道内损失的㶲，干返料的㶲，炉体散热㶲，鼓风干燥段传热㶲损失，预热二段传热㶲损失，回转窑炉体表面散失㶲，三冷段传热㶲损失，四冷段传热㶲损失，二冷段气体到预热一段管道㶲损失

从图 6-7 中可以看出，对整个系统而言，燃料燃烧放热和氧化亚铁氧化放热占总收入项的 91.92%，其他各项所占比例比较小；整个系统的热支出项比较多，其中，水分蒸发，箅板散热，炉体散热都占了一定比例，有节能潜力的空间，在节能分析时，是应该考虑的节能对象，以降低能耗。

### 6.4.3 链箅机-回转窑-环冷机系统主要评价指标

（1）产量。$G=308.08\text{t/h}$

（2）燃耗、热耗。由于二系列采用煤粉与焦炉煤气混合燃烧的方式，在计算燃耗时可将焦炉煤气转化为标煤的质量

$$Q_1=Q_{\text{DW}}^{\text{j}}\times B_{\text{j}}=17104.8\times4826.792=82.5\times10^6\text{kJ/h}$$

$$Q_2=Q_{\text{DW}}^{\text{m}}\times B_{\text{m}}=28181.11\times1052.5=29.7\times10^6\text{kJ/h}$$

$$Q=Q_1+Q_2=82.5\times10^6+29.7\times10^6=112.22\times10^6\text{kJ/h}$$

$$B=\frac{Q}{Q_{\text{标煤}}}=\frac{112.22\times10^6}{29271.2}=3.834\text{t/h}$$

式中　$Q_{\text{DW}}^{\text{j}}$——焦炉煤气的应用基低位发热量，$Q_{\text{DW}}^{\text{j}}=17104.8\text{kJ/m}^3$；

$Q_{DW}^{m}$——煤粉的应用基低位发热量，$Q_{DW}^{m}=28181.11$kJ/kg；

$Q_{标煤}$——标煤的热值，$Q_{标煤}=29271.2$kJ/kg；

$B_j$，$B_m$——分别为焦炉煤气，煤粉的单位时间消耗。

燃料消耗：$b=B/G_1'=12.4$kg/t，即每生产 1t 成品球团需要消耗 12.4kg 标准煤。

热耗：$b'=b\times Q_{标煤}=0.36\times10^6$kJ/t。

（3）系统热效率

$$\eta=\frac{球团所需热量+水分蒸发热-球团氧化放热}{燃料燃烧放出热量+球团氧化放热}=93.74\%$$

### 6.4.4 链算机-回转窑-环冷机系统节能措施分析

根据上节热过程的计算和理论能耗的分析计算，结合链算机-回转窑-环冷机系统球团生产工艺特点分析，针对热损失相比较大的几项，系统可做如下节能措施：

（1）在进入链-回-环系统前，料球的含水量可以减低，这样可以减少球团水分蒸发带走的热量。针对首钢二期球团生产线，根据现场测试的结果分析，其生球的水含量在 9.06% 以上，而根据国内外的相关经验数据来看，水含量在 8% 的生球干燥烧结出的球团的物理化学性质是最优的。因此，如果可以改进造球工艺，采用国内外先进的造球工艺，更合理地配比生球成分，降低生球中的水含量，同时生产出的球团的冶金性能也会有所提高。

（2）在排放的烟气中要强调的是，链算机部分直接放空的烟气中，预热一段的烟气与抽风干燥段的烟气是混合后一起排放的，其中预热一段烟气温度稍高一些。应该采取一定的措施，使预热一段的烟气与抽风干燥段的烟气分开排放，这样的话，预热一段温度较高的烟气可以回收利用，从而降低系统的热损失。

（3）链算机算板在随物料的运动中，会吸收大量的热，引起很大的热损失。首钢球团厂二期，算板的质量比较大，算板的绝热保温做的不充分，链算机算板温度过高，温度变化大，对链算机算板的物理性能有很大的影响，同时减小了算板的使用寿命，增加了使用成本。因此，应减轻链算机算板的质量，采用更加合理的算板设计，并且应该对算板表面增加绝热保温材料，降低算板的温度，减少算板在链算机内的吸热量，从而降低链算机系统由于算板耗热带来的热损失。

（4）通过热工测试和计算发现，链算机和环冷机内各部分之间相互窜风，对系统热工造成较大的不利影响。建议今后要合理控制各段进出风量，控制各段的压力范围，减少窜风现象。

（5）整个系统的密封性存在缺陷，尤其在链算机和环冷机段，这会影响到链箅机的预热干燥和环冷机的冷却效果。因此在今后的改造和设计中要引起足够的重视，以克服这部分缺陷造成的弊端。

（6）本次测试中，发现控制室对链箅机-回转窑系统的检测并不是很完善，有些数据不是十分准确，有些甚至不全，故在此提出一些建议。

链箅机内烟罩和风箱数据较多，但是对风量控制的检测比较少。链箅机各段出入口的气体的流量、温度、压力，出入料球的温度基本没有检测数据。链箅机处的吸风量较大，若能实时检测各段出入口的风量，对于控制链箅机的吸风，以及链箅机内的窜风问题都有帮助。鼓风干燥段可增加仪器检测放空气体湿度，以便更好地了解和控制球团的干燥情况。

经过上面的分析，可以看出链箅机-回转窑-环冷机系统中，热量损失最大的部分在链箅机上，同时链箅机是系统中很重要的一部分。因此，应该提高工艺，降低链箅机的热损失，降低系统的能耗，使该系统工艺达到更优化。

# 7　链算机-回转窑-环冷机系统质量、热量、㶲平衡计算软件

## 7.1　软件功能

本程序的功能分为三部分：一是根据精矿、膨润土、熔剂的化学成分和指定配比，进行酸性球团矿配料，或者自熔性球团矿配料，并且可以根据精矿、膨润土、熔剂的配比和价格，得出相应球团矿的成本，供优化配料方案参考；二是改变球团厂生产热工参数，算出球团矿的物料平衡和热平衡，算出链算机-回转窑的热能利用效率，从而能够判断链算机-回转窑的热工状况；三是可以根据赤铁矿在配料中的配比，即配料中 FeO 的变化，算出理论燃料的消耗量。

## 7.2　软件原理

### 7.2.1　球团矿配料、化学成分和生产成本计算

酸性球团矿配料计算是根据质量守恒定律而来的，其主要表达式如下：

各种精矿总和+膨润土−精矿烧损−精矿水分−精矿脱硫量+精矿吸收的氧−膨润土烧损−膨润土水分−膨润土脱硫量=球团矿的质量

它是由球团矿的质量反推出各种精矿和各种膨润土的质量。

自熔性配矿是根据质量守恒定律和碱度公式而来的，其表达式如下：

各种精矿总和+膨润土+熔剂−精矿烧损−精矿水分−精矿脱硫量+精矿吸收的氧−膨润土烧损−膨润土水分−膨润土脱硫量−熔剂烧损−熔剂水分−熔剂脱硫量=球团矿的质量

碱度=$w$(精矿中的 CaO+膨润土中的 CaO+熔剂中的 CaO)/$w$(精矿中的 $SiO_2$+膨润土中的 $SiO_2$+熔剂中的 $SiO_2$)

它是由球团矿的质量反推出各种精矿和膨润土及熔剂的质量。

### 7.2.2　物料平衡和热平衡计算原理

本程序是根据球团厂热工测试的数据，结合一些原理、公式、经验而得出来的各段及整体的物料平衡和热平衡。主要分为四部分，即链算机、回转窑、环冷机、整体。链算机物料平衡及热平衡主要是计算机体内物料、气体和粉尘的质量

和热量进入和出去的平衡，链算机分为鼓风干燥段、抽风干燥段、预热一段、预热二段；回转窑物料平衡及热平衡主要是计算窑体内物料、气体、粉尘和喷煤的质量和热量进入和出去的平衡。环冷机主要也是计算机体内物料、气体和粉尘的质量和热量进入和出去的平衡。当然也考虑到了隔墙风冷、水冷及管道的热损失。本部分主要用到了质量守恒定律、能量守恒定律，其主要用到的公式如下：

管道散热（J/h）：

$$Q=3600\pi dl\ (\alpha_{对流}+\alpha_{辐射})(t_w-t_f)$$

炉体散热（kJ/h）：

$$q_i=3.6\alpha_i A_i\ (t_{wi}-t_e)$$

链算机的热效率：

$$\eta=\frac{料球出链算机的热量+水分蒸发所需的热量-料球入链算机的热量-料球氧化放热}{链算机热量总收入-循环热量}$$

链算机的热利用率：

$$\eta=\frac{链算机热量总收入-循环热量-烟气带走热量}{链算机热量总收入量-循环热量}$$

燃料燃烧的化学热量

$$Q_1=Q_{DW}^{y}\times B$$

回转窑热效率：

$$\eta=\frac{料球出窑带出热量-料球入窑带入热量-料球氧化放热量}{燃料燃烧热+二次热风带入热量+料球氧化放热量}$$

回转窑热利用率：

$$\eta=\frac{回转窑热量总收入-烟气带走的热量}{回转窑热量总收入}$$

环冷机的热回收率：

$$\eta=\frac{回收利用的热量}{总热量收入}$$

需要说明的一点是在计算环冷机热平衡的时候，由于进环冷机的球温难以确定，因此是按收入、支出平衡后的5%的误差来计算，从而可以反推出球团带入环冷机的热量。当然，本程序也忽略了在实时生产过程中的一些误差，不过，其影响是比较小的，希望在以后能够借助相关理论和现场经验的支持，使本程序的精确性不断提高。

### 7.2.3　燃耗计算原理

实际球团生产中，原料的成分可能会发生变化，主要是其中的 FeO 的含量发生了变化，这对系统的热平衡可能产生影响，因为 FeO 在氧化过程中会产生热量，所以，减少原料中 FeO 的含量，可能使系统热量供给不足，而这就可以通过增加喷煤量来补充，使系统处于热平衡状态。相反，如果原料中 FeO 的含量增加，系统的热量将供给过余，这时就应该减少喷煤量，从而稳定球团矿的生产。

## 7.3 使用说明

### 7.3.1 配矿

配矿界面中，可以选中某一条记录，对选中记录的精矿、膨润土、熔剂的名称、配比、成分、单价进行修改。同时，也可以增加或删除精矿、膨润土、熔剂的相应记录。在设置配比的时候应该注意，各种精矿的配比之和应该为100，如果用两种以上膨润土，各种膨润土的配比之和应该为100，同样，各种熔剂的配比之和也应该为100。在成分修改界面上，由于 Mn 和 MnO、S 和 $SO_2$、P 和$P_2O_5$之间存在相互关系，因此，在输入成分时只需要输入 MnO、$SO_2$和 $P_2O_5$的值即可，Mn、S 和 P 的值会自动显示出相应的值。在修改记录时可以双击左键，弹出成分修改对话框，同时，双击右键可以删除相应的记录。原料选定以后，必须点击保存按钮，数据才会在后面的操作中起作用。

选择好原料之后，进行混矿处理，当点击混合时，在精矿、膨润土、熔剂所列表框的最后一排，会显示出对应混合精矿、混合膨润土、混合熔剂的成分和单价。

混合原料之后，配料过程就基本完成，点击确定按钮就返回到程序主界面上，而后就可以进行球团矿的配料计算。在菜单上有两个选择，即酸性配矿和自熔性配矿，若点击酸性配矿，则弹出酸性配料对话框，在输入相应的设定参数（球团矿的量、球团矿中 FeO 含量、脱硫率、膨润土配比、加工费）之后，点击确定按钮，即可得到按设定参数要求的球团矿所需要的各种精矿和膨润土的质量和价格，也可以得出所需原料的总质量和球团矿成本。同时，还可以得出酸性球团矿的化学成分。同理，若点击自熔性配矿，则弹出自熔性配料对话框，在输入相应的设定参数（球团矿的量、球团矿中 FeO 的量、脱硫率、碱度、膨润土配比、加工费）之后，点击确定按钮，即可得到按设定参数要求的球团矿所需要的各种精矿、膨润土和熔剂的质量和价格，也可以得出自熔性球团矿的成分及生产成本。

### 7.3.2 物料平衡及热平衡

物料平衡及热平衡包括链箅机、回转窑、环冷机及整体四部分的物料平衡和热平衡。首先，进行参数的设定，包括固定参数和生产参数的设定，固定参数只是一些归纳在一起的变化比较小的参数，因此，在运行程序时，一般可以不改动它或改动得比较小。生产参数主要是指生产过程中机体的各部分风量和风温的值以及产量和热损失的值，它们在生产过程中会有变化，因此，在进行物料平衡和热平衡计算之前，应该根据实际情况改动其值。系统各段的热损失值可以由其相应的参数（主要是温度）而得出，所以，点击热损失参数设定按钮，在弹出对话框中输入一些参数，点击确定，热损失值可以返回到相应的生产参数设定界面中。

然后，点击主界面菜单中的物料平衡及热平衡选项中的链算机、回转窑、环冷机、整体中的任意一项就可以得出该段的物料平衡，包括物料的收入和支出、风量的收入和支出及物料的收入和支出饼图示意图。再点击该界面上的查看热平衡，就可以得到该段热平衡的收入和支出及其饼图示意图。

当运行完各段的和整体的物料平衡和热平衡界面之后，可以点击菜单中的系统状态分析项，界面上将显示系统各段和整体的一些指标。

### 7.3.3 燃耗分析

当运行完前面的步骤后，根据已经得到的平衡就可以进行燃耗分析，点击主界面菜单上的燃耗分析项，弹出界面上显示出原料的 FeO 含量和相应的煤耗；如果改变配料，混合精矿中 FeO 含量发生变化，将变化后的 FeO 含量输入对话框，即得到相应的喷煤量变更值。

## 7.4 操作步骤

该程序的大致操作如上所述，下面主要归纳该程序的主要操作步骤：

（1）输入用户名和密码（图7-1），点击“登陆”进入程序主界面。

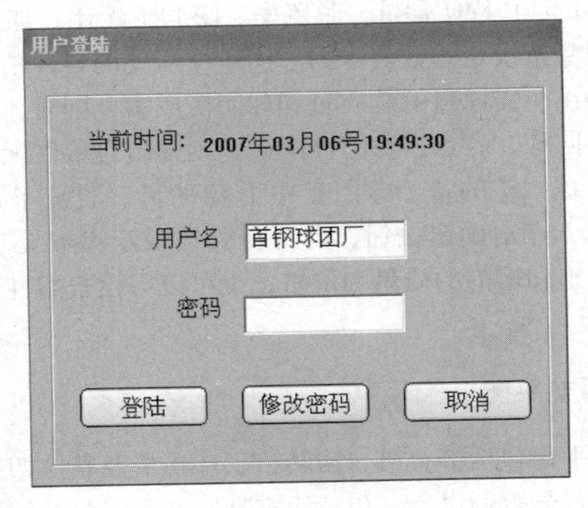


图7-1 输入用户名和密码

（2）点击菜单（图7-2）中的“配料”，在弹出菜单中选择“选择原料”项，进入配料界面（图7-3）。

图 7-2 点击菜单中的“配料”

精矿[%]

| 名称 | 配比 | TFe | Mn | S | P | Fe2O3 | FeO | SiO2 | Al2O3 | CaO | MgO | MnO | SO2 |
|---|---|---|---|---|---|---|---|---|---|---|---|---|---|
| 首钢水厂精矿 | 20.000 | 68.320 | 0.000 | 0.009 | 0.007 | 66.000 | 28.440 | 3.860 | 0.960 | 0.140 | 0.310 | 0.000 | 0.002 |
| 鞍钢弓长岭磁精矿 | 20.000 | 68.320 | 0.230 | 0.046 | 0.012 | 65.600 | 28.800 | 3.460 | 0.200 | 0.340 | 0.260 | 0.300 | 0.092 |
| 鞍钢弓长岭赤精矿 | 30.000 | 68.700 | 0.000 | 0.013 | 0.027 | 82.480 | 14.100 | 3.580 | 0.210 | 0.140 | 0.000 | 0.000 | 0.026 |
| 西昌满银沟赤精矿 | 5.000 | 59.300 | 0.000 | 0.005 | 0.075 | 84.240 | 0.430 | 9.020 | 2.140 | 0.300 | 0.200 | 0.000 | 0.010 |
| 澳洲纽曼赤铁矿 | 25.000 | 63.140 | 0.030 | 0.010 | 0.050 | 89.840 | 0.320 | 4.500 | 2.420 | 0.150 | 0.000 | 0.040 | 0.020 |

资料修改 添加 删除 保存

图 7-3 配料界面

(3) 在配料界面（图 7-3）上，在精矿列表框中可以选择任意一项，点击“资料修改”将弹出资料修改界面（图 7-4），对相应的项进行修改，点击“确定”，相应的数据将返回到界面（图 7-3）上，这就完成了资料的修改。当选中精矿列表框（图 7-3）中的任意一项时，点击下面的“删除”，就可以删除选中的那条记录。当单击“添加”时，就可以弹出相应的界面（图 7-5），填入相应的值，点击“确定”，即完成了增加记录的任务。然后，点击界面（图 7-3）上的“保存”，就可以将刚才所修改或添加的记录保存到文件中去。

资料修改[%]

| 名称 | 鞍钢弓长岭赤精 | 配比 | 0.000 | | | 单价[yuan/t] | 10.000 |
|---|---|---|---|---|---|---|---|
| TFe | 68.700 | FeO | 14.100 | MnO | 2.000 | Na2O | 0.000 |
| Mn | 1.550 | SiO2 | 3.580 | SO2 | 0.026 | K2O | 0.000 |
| S | 0.013 | Al2O3 | 0.210 | P2O5 | 0.060 | LOI | 0.000 |
| P | 0.026 | CaO | 0.140 | TiO2 | 0.000 | 水分 | 0.000 |
| Fe2O3 | 82.472 | MgO | 0.000 | V2O5 | 0.000 | 总计 | 102.588 |

确定 取消

图 7-4 资料修改界面

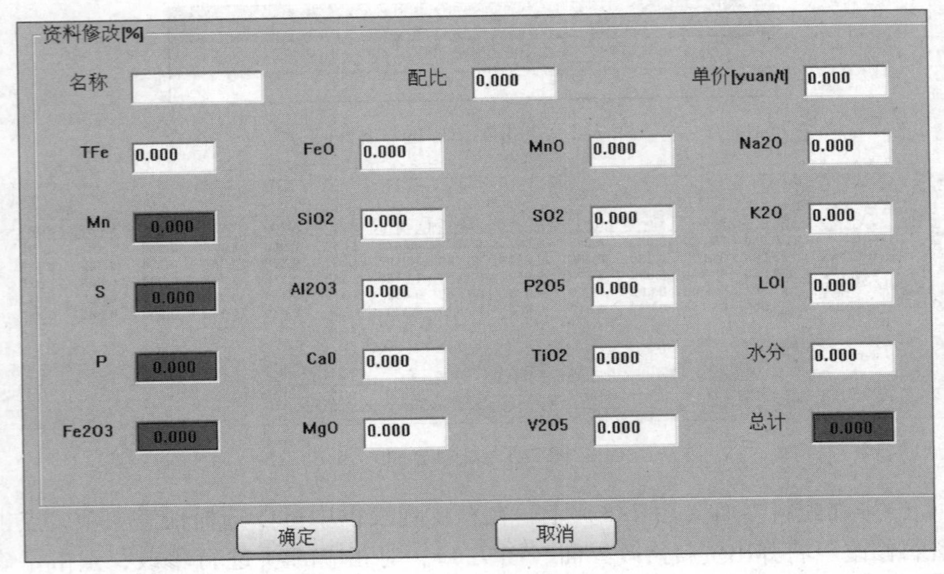

图7-5 “添加”界面

(4) 同(3)的操作，对膨润土列表框和熔剂列表框中的数据进行修改和增加，并点击“保存”。

(5) 点击配料界面（图7-6）上的“混合”，将在精矿、膨润土、熔剂列表框中增加一条混合成分的记录（图7-7）。点击“确定”，完成选择原料过程，并返回主界面（图7-2）。

(6) 点击主界面配料下拉菜单（图7-2）中的“酸性配料”，弹出酸性配料界面（图7-7），输入已知条件，点击“确定”，即可在配矿量中显示出所需各种原料的质量和价格。在球团矿成分中将显示出对应球团矿的成分。

(7) 同理，点击主界面配料下拉菜单（图7-2）中的“自熔性配料”，输入相应的参数，也可得出所需各种原料的质量和价格，以及对应球团矿的成分。到此，配料过程结束。

(8) 回到主界面，点击菜单（图7-2）中的“参数设定”下的“固定参数设定”，将弹出固定参数设定界面（图7-8），设定好参数之后，点击“确定”，即完成固定参数的设定。同理，点击菜单（图7-2）中的“参数设定”下的“生产参数设定”，将弹出生产参数设定界面，完成生产参数的设定。需要提示的一点是，生产参数中的各段热损失参数的设定，可以在其界面上修改，也可以通过点击“热损失参数设定”，在弹出的热损失参数设定界面上，改变其中的参数，点击“确定”，将热损失值返回到相应的生产参数设定界面上，而后点击生产参数设定界面的“确定”，即可完成生产参数的设定并保存数据。

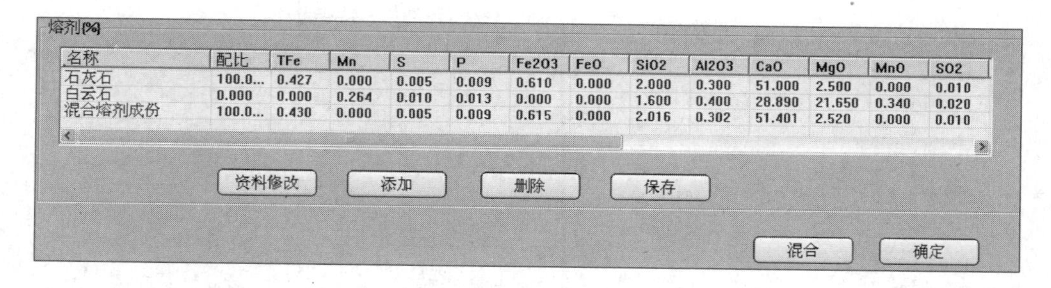


| 名称 | 配比 | TFe | Mn | S | P | Fe2O3 | FeO | SiO2 | Al2O3 | CaO | MgO | MnO | SO2 |
|---|---|---|---|---|---|---|---|---|---|---|---|---|---|
| 石灰石 | 100.0... | 0.427 | 0.000 | 0.005 | 0.009 | 0.610 | 0.000 | 2.000 | 0.300 | 51.000 | 2.500 | 0.000 | 0.010 |
| 白云石 | 0.000 | 0.000 | 0.264 | 0.010 | 0.013 | 0.000 | 0.000 | 1.600 | 0.400 | 28.890 | 21.650 | 0.340 | 0.020 |
| 混合熔剂成份 | 100.0... | 0.430 | 0.000 | 0.005 | 0.009 | 0.615 | 0.000 | 2.016 | 0.302 | 51.401 | 2.520 | 0.000 | 0.010 |

图 7-6 点击配料界面上的“混合”

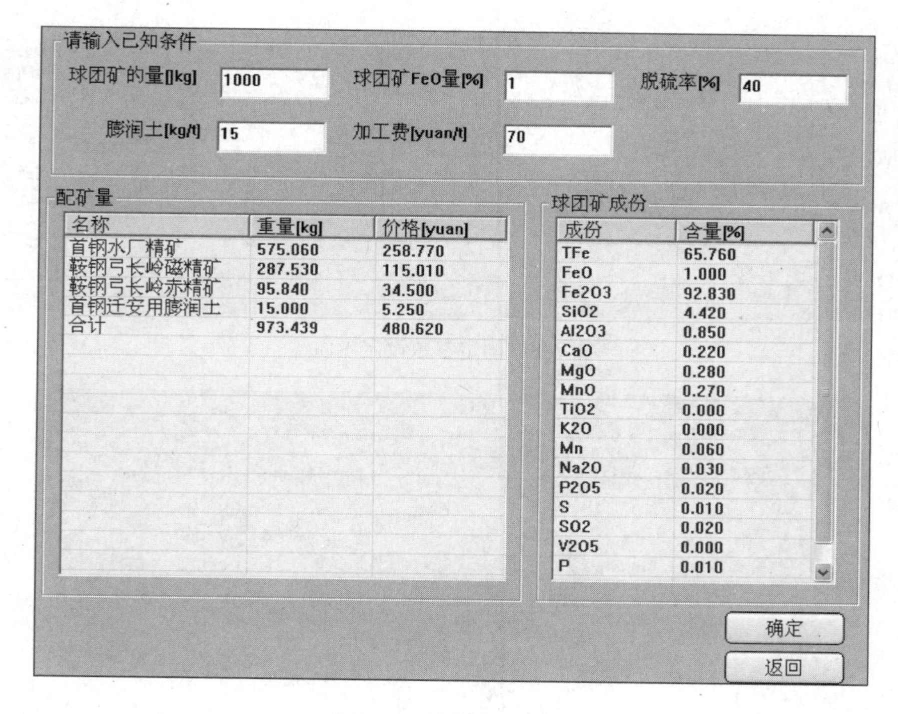


| 名称 | 重量[kg] | 价格[yuan] |
|---|---|---|
| 首钢水厂精矿 | 575.060 | 258.770 |
| 鞍钢弓长岭磁精矿 | 287.530 | 115.010 |
| 鞍钢弓长岭赤精矿 | 95.840 | 34.500 |
| 首钢迁安用膨润土 | 15.000 | 5.250 |
| 合计 | 973.439 | 480.620 |

| 成份 | 含量[%] |
|---|---|
| TFe | 65.760 |
| FeO | 1.000 |
| Fe2O3 | 92.830 |
| SiO2 | 4.420 |
| Al2O3 | 0.850 |
| CaO | 0.220 |
| MgO | 0.280 |
| MnO | 0.270 |
| TiO2 | 0.000 |
| K2O | 0.000 |
| Mn | 0.060 |
| Na2O | 0.030 |
| P2O5 | 0.020 |
| S | 0.010 |
| SO2 | 0.020 |
| V2O5 | 0.000 |
| P | 0.010 |

图 7-7 混合成分记录

（9）回到主界面点击菜单（图 7-2）中的“物料平衡及热平衡”下的各项，即可弹出相应项的物料平衡，在物料平衡界面上点击“查看热平衡”，即可查看该段的热平衡。

（10）当运行完主界面菜单“物料平衡及热平衡”下的各项后，点击菜单“结论”下的“系统状态分析”，将弹出系统状态界面（图 7-9）。

（11）回到主界面，点击菜单“燃耗计算”，弹出界面（图 7-10），改变进料 FeO 含量，即可得出对应的喷煤量。

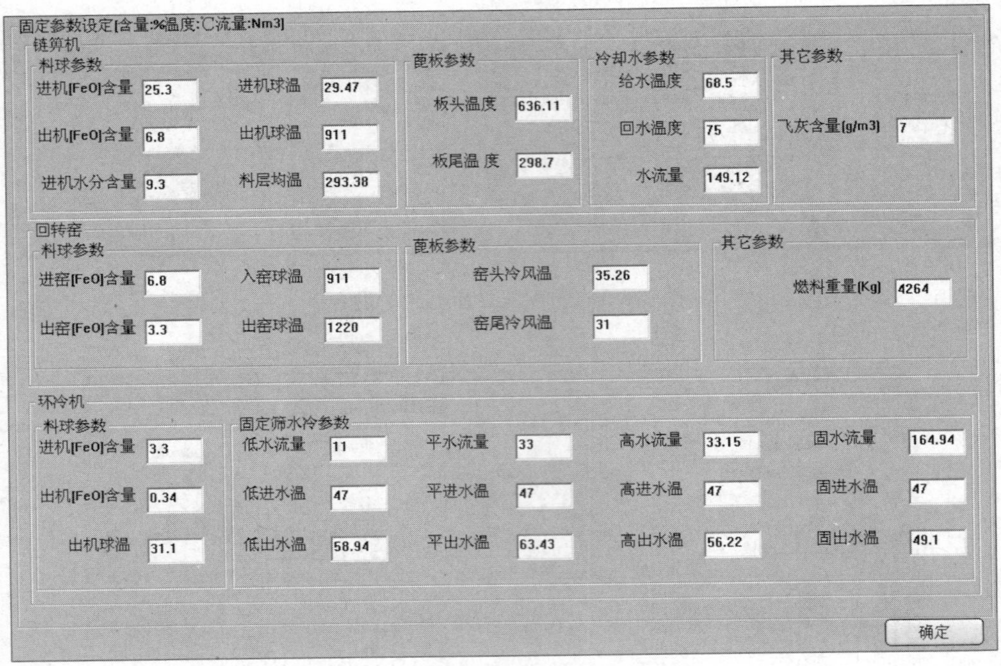

固定参数设定[含量:%温度:℃流量:Nm3]
链箅机
料球参数
进机[FeO]含量 25.3
进机球温 29.47
出机[FeO]含量 6.8
出机球温 911
进机水分含量 9.3
料层均温 293.38
箅板参数
板头温度 636.11
板尾温 度 298.7
冷却水参数
给水温度 68.5
回水温度 75
水流量 149.12
其它参数
飞灰含量[g/m3] 7
回转窑
料球参数
进窑[FeO]含量 6.8
入窑球温 911
出窑[FeO]含量 3.3
出窑球温 1220
箅板参数
窑头冷风温 35.26
窑尾冷风温 31
其它参数
燃料重量[Kg] 4264
环冷机
料球参数
进机[FeO]含量 3.3
出机[FeO]含量 0.34
出机球温 31.1
固定筛水冷参数
低水流量 11
低进水温 47
低出水温 58.94
平水流量 33
平进水温 47
平出水温 63.43
高水流量 33.15
高进水温 47
高出水温 56.22
固水流量 164.94
固进水温 47
固出水温 49.1
确定

图 7-8 固定参数设定界面

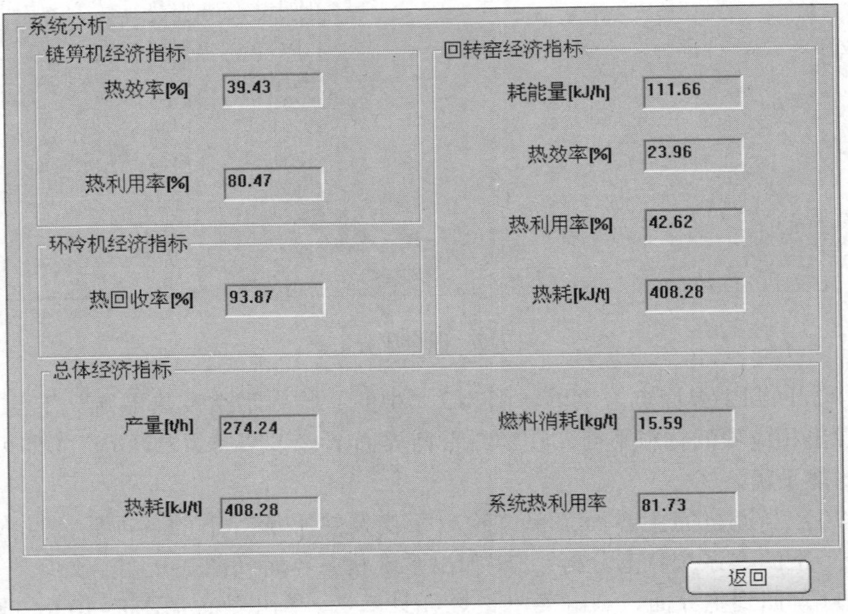

系统分析
链箅机经济指标
热效率[%] 39.43
热利用率[%] 80.47
回转窑经济指标
耗能量[kJ/h] 111.66
热效率[%] 23.96
热利用率[%] 42.62
热耗[kJ/t] 408.28
环冷机经济指标
热回收率[%] 93.87
总体经济指标
产量[t/h] 274.24
燃料消耗[kg/t] 15.59
热耗[kJ/t] 408.28
系统热利用率 81.73
返回

图 7-9 系统状态界面

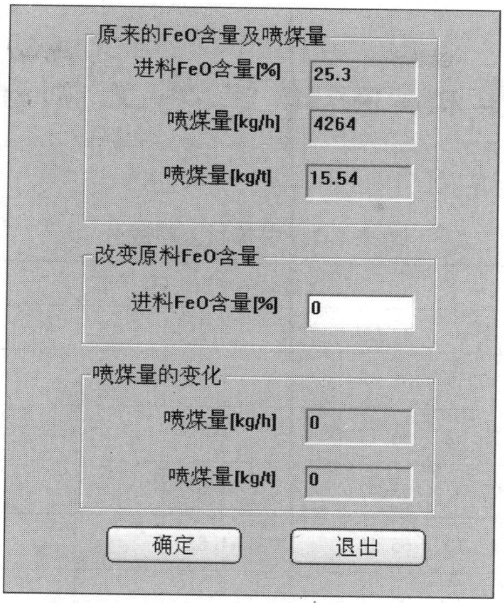

原来的FeO含量及喷煤量

进料FeO含量[%] 25.3

喷煤量[kg/h] 4264

喷煤量[kg/t] 15.54

改变原料FeO含量

进料FeO含量[%] 0

喷煤量的变化

喷煤量[kg/h] 0

喷煤量[kg/t] 0

确定 退出

图 7-10 “燃耗计算”界面

# 附录　链箅机-回转窑热工测试原始数据

**附表 1-1　链箅机入料成分**

| 时　间 | | 链箅机入料成分/% | | | | | | | | | |
|---|---|---|---|---|---|---|---|---|---|---|---|
| | | (TFe) | FeO | $Fe_2O_3$ | $FeS_2$ | $SiO_2$ | CaO | MgO | S | P | $H_2O$ |
| 7.25 | 8：00 | 66.52 | 26.59 | 65.48 | | 4.72 | | | | | 9.6 |
| | 11：00 | 67.02 | 26.62 | 66.17 | | 4.58 | | | | | 9.4 |
| | 14：00 | 66.82 | 27.02 | 65.43 | | 4.62 | | | | | 9.4 |
| | 17：00 | 66.72 | 27.12 | 65.18 | | 4.88 | | | | | 9.6 |
| 7.26 | 8：00 | 66.42 | 27.56 | 64.26 | | 4.82 | | | | | 8.7 |
| | 11：00 | 66.78 | 28.13 | 64.14 | | 4.43 | | | | | 9.6 |
| | 14：00 | 67.42 | 27.02 | 66.29 | | 4.26 | | | | | 9.1 |
| | 17：00 | 66.62 | 26.76 | 65.44 | | 4.87 | | | | | 9 |
| 平　均 | | 66.79 | 27.10 | 65.30 | | 4.65 | | | | | 9.3 |

**附表 1-2　链箅机出料成分**

| 时　间 | | 链箅机出料成分/% | | | | | | | | |
|---|---|---|---|---|---|---|---|---|---|---|
| | | (TFe) | FeO | $Fe_2O_3$ | $FeS_2$ | $SiO_2$ | CaO | MgO | S | P |
| 7.25 | 8：00 | | 7.22 | | | | | | | |
| | 11：00 | | 6.9 | | | | | | | |
| | 14：00 | | 7.19 | | | | | | | |
| | 17：00 | | 8.98 | | | | | | | |
| 7.26 | 8：00 | | 6.1 | | | | | | | |
| | 11：00 | | 6.47 | | | | | | | |
| | 14：00 | | 5.39 | | | | | | | |
| | 17：00 | | 6.11 | | | | | | | |
| 平　均 | | 65.91 | 6.80 | 86.60 | | 4.74 | 0.17 | | | 98.31 |

**附表 1-3 链算机入料（生球）温度**

| 序 号 | 时 间 | | 链算机入料温度/℃ | | |
|---|---|---|---|---|---|
| | | | 西 | 中 | 东 |
| 1 | 7.25 | 9：50 | 29.5 | 29.2 | 29.2 |
| 2 | | 10：50 | 28.1 | 27.6 | 28.6 |
| 3 | | 13：50 | 29.5 | 33.1 | 34.1 |
| 4 | | 14：50 | 30.9 | 29.1 | 30.7 |
| 5 | 7.26 | 8：20 | 31.0 | 30.1 | 29.8 |
| 6 | | 9：00 | 25.2 | 32.5 | 30.4 |
| 7 | | 9：50 | 25.2 | 26.6 | 28.4 |
| 总平均 | | | 29.47 | | |

**附表 1-4 链算机算板温度**

| 序 号 | 时 间 | | 机头算板温度/℃ | | | 机尾算板温度/℃ | | |
|---|---|---|---|---|---|---|---|---|
| | | | 东 | 中 | 西 | 东 | 中 | 西 |
| 1 | 7.25 | 9：30 | 522.1 | 433.8 | 537.7 | 222.1 | 186.4 | 228.7 |
| 2 | | 10：20 | 654 | 382 | 592 | 284 | 302 | 225 |
| 3 | | 11：20 | 587 | 433 | 543 | 187 | 207 | 192 |
| 4 | | 13：30 | 677 | 458 | 618 | 200 | 191.6 | 212 |
| 5 | | 14：00 | 654 | 485 | 578 | 242 | 232 | 242 |
| 6 | 7.26 | 8：20 | 560 | 543 | 560 | 188 | 190 | 255 |
| 7 | | 9：00 | 582 | 390 | 519 | 249 | 201 | 256 |
| 8 | | 9：50 | 512 | 412 | 490 | 219 | 187 | 214 |
| 总平均 | | | 530.1 | | | 221.4 | | |

**附表 1-5 链算机出料温度（补测）**

| 测试次数 | 1 | 2 | 3 | 4 |
|---|---|---|---|---|
| 温度/℃ | 992 | 1012 | 1080 | 861 |
| 平 均 | 954 | | | |

注：将补测数据954℃换算到原工况下为911℃。

**附表 1-6 抽风干燥段球团成分数据**

| 日 期 | 时 间 | $w(H_2O)/\%$ | $w(FeO)/\%$ |
|---|---|---|---|
| 7.25 | 8：00 | 3.44 | 26.43 |
| | 11：00 | 2.95 | 26.93 |
| | 14：00 | 2.1 | 26.70 |
| | 17：00 | 1.51 | 27.23 |

续附表 1-6

| 日期 | 时间 | $w(H_2O)$/% | $w(FeO)$/% |
|---|---|---|---|
| 平均 | | 2.5 | 27.23 |
| 7.26 | 8：00 | 0.44 | 26.84 |
| | 11：00 | 2.45 | 27.84 |
| | 14：00 | 0.89 | 27.27 |
| | 17：00 | 0.528 | 24.23 |
| 平均 | | 1.08 | 26.55 |
| 总平均 | | 1.79 | 26.68 |

## 附表 1-7 鼓风干燥段放空气体

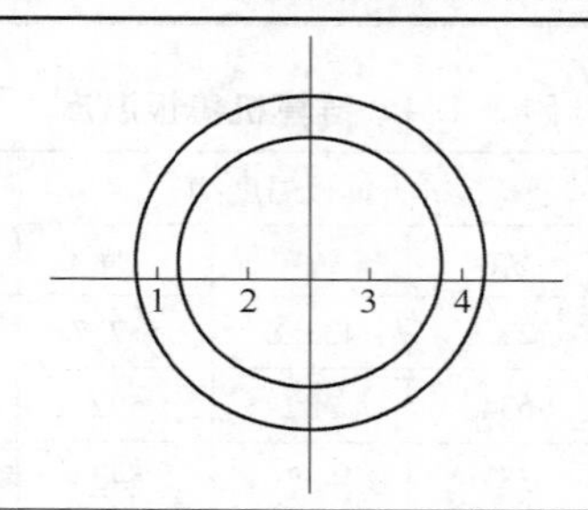


| 时间 | 温度/℃ | 静压/Pa | 压差/Pa | | | |
|---|---|---|---|---|---|---|
| | | | 1 | 2 | 3 | 4 |
| 7.25 | 108 | −8.5 | 20 | 50 | 60 | 30 |
| | 109 | −9.5 | 50 | 40 | 50 | 30 |
| | 105 | −10.8 | 40 | 30 | 30 | 30 |
| | 101 | −7.8 | 30 | 40 | 40 | 30 |
| | 106 | −7.2 | 40 | 70 | 30 | 30 |
| | 107 | −6 | 60 | 30 | 30 | 30 |
| | 104 | −9.8 | 30 | 30 | 60 | 30 |
| | 100 | −13.5 | 14 | 16 | 18.5 | 13.5 |
| | 98 | −13.8 | 12.3 | 20 | 19.3 | 17.8 |
| | 107 | −15.8 | 13.3 | 18.8 | 16 | 17 |
| | 105 | −13.6 | 17.5 | 12.3 | 13 | 19.5 |
| | 108 | −17.8 | 16.5 | 13.3 | 21 | 20.5 |
| | 110 | −12.5 | 11.3 | 17.5 | 15 | 24 |
| | 104 | −10.8 | 12.3 | 15.3 | 17.8 | 18.5 |
| | 108 | −10 | 13.5 | 17.3 | 19.3 | 26.0 |

续附表 1-7

| 时　间 | 温度/℃ | 静压/Pa | 压差/Pa | | | |
|---|---|---|---|---|---|---|
| | | | 1 | 2 | 3 | 4 |
| 7. 25 | 109 | -7. 3 | 16 | 15. 8 | 27 | 16. 5 |
| | 110 | -12. 8 | 14. 8 | 14. 8 | 27. 8 | 22. 3 |
| | 109 | -9. 3 | 12. 8 | 20. 8 | 18. 8 | 16 |
| | 105 | -8. 5 | 15. 3 | 20. 5 | 22. 3 | 19. 3 |
| | 104 | -16. 5 | 13. 5 | 23. 5 | 14. 5 | 21. 3 |
| | 108 | -9. 5 | 19. 8 | 19. 3 | 16. 5 | 25. 5 |
| | 103 | -14. 5 | 13 | 17 | 13. 8 | 19. 8 |
| | 105 | -10 | 15. 3 | 14. 8 | 16 | 17. 5 |
| | 102 | -12. 2 | 17. 8 | 16. 5 | 19. 3 | 16 |
| | 108 | -11. 5 | 12 | 19. 3 | 22 | 17. 8 |
| | 101 | -10. 5 | 15. 3 | 21. 5 | 16. 3 | 21. 3 |
| | 100 | -12. 3 | 14. 3 | 17. 5 | 17 | 19 |
| | 98 | -13. 8 | 16 | 22. 8 | 24. 5 | 24. 5 |
| | 99 | -16. 3 | 17. 3 | 24. 3 | 23. 3 | 23 |
| | 93. 1 | -3. 3 | 14. 3 | 15. 3 | 22. 5 | 22. 8 |
| | 93. 8 | -7. 0 | 11. 8 | 21 | 19. 5 | 19 |
| | 94. 2 | -3. 5 | 14 | 24. 5 | 22. 8 | 24. 3 |
| | 98. 5 | -6. 0 | 14. 8 | 17. 5 | 19. 3 | 19. 3 |
| | 94. 2 | -11. 5 | 15. 3 | 18 | 24. 8 | 19. 5 |
| | 93. 9 | -4. 5 | 9. 3 | 20. 5 | 22. 8 | 21. 2 |
| | 100. 4 | -13. 8 | 17. 9 | 12 | 24 | 23. 5 |
| | 99. 4 | -7. 5 | 19. 3 | 23 | 29. 5 | 23 |
| | 99. 5 | -8. 5 | 22. 5 | 22. 5 | 20. 8 | 20. 9 |
| | 96. 5 | -10. 8 | 18. 5 | 22 | 24 | 19. 8 |
| | 94. 4 | -5. 8 | 21. 5 | 60 | 19 | 24. 5 |
| | 98. 3 | -65 | 23. 5 | 17 | 23. 3 | 18. 5 |
| | 101. 8 | -8. 8 | 18 | 21. 5 | 21. 5 | 28 |
| | 97. 6 | -9 | 16 | 18 | 24. 8 | 20 |
| 7. 26 | 96 | -2. 3 | 12. 5 | 10. 8 | 19. 3 | 20. 3 |
| | 92 | -5 | 20 | 22 | 21. 5 | 20. 8 |
| | 93 | -4. 8 | 25. 5 | 21. 3 | 16. 5 | 16. 5 |

续附表 1-7

| 时　间 | 温度/℃ | 静压/Pa | 压差/Pa | | | |
|---|---|---|---|---|---|---|
| | | | 1 | 2 | 3 | 4 |
| 7.26 | 92 | -6 | 15.8 | 16.5 | 21.8 | 17.5 |
| | 93 | -3.5 | 19.6 | 15.3 | 15.8 | 13.5 |
| | 94 | -4 | 14.3 | 18 | 23.3 | 16.8 |
| | 92 | -5.5 | 22.8 | 17.8 | 22.5 | 14.5 |
| | 92 | -14 | 12.3 | 18.3 | 11.3 | 13 |
| | 94 | -17 | 11.5 | 12.8 | 13.3 | 11.5 |
| | 96 | -19.8 | 10 | 14.3 | 18.8 | 9.3 |
| | 89 | -10.8 | 15.8 | 15.6 | 10.8 | 15.5 |
| | 90 | -9.5 | 11.9 | 9.3 | 15.8 | 9 |
| | 97 | -16.3 | 11.8 | 14.5 | 11 | 11 |
| | 95 | -11.5 | 12 | 17.3 | 12.3 | 13.5 |

**附表 1-8　三冷至鼓风气体**

| 组　别 | 测点 | 压差/Pa | | | | | | | |
|---|---|---|---|---|---|---|---|---|---|
| | | 1 | 2 | 3 | 4 | 5 | 6 | 7 | 均值 |
| 第一组<br>$t=143℃$ | 1 | 113 | 122 | 116 | 130 | 116 | 125 | 130 | 121.7 |
| | 2 | 142 | 126 | 121 | 130 | 135 | 136 | 152 | 134.6 |
| | 3 | 136 | 137 | 133 | 127 | 126 | 127 | 126 | 130.3 |
| | 4 | 116 | 117 | 103 | 116 | 121 | 102 | 98 | 110.4 |
| | 静压 | -161 | -193 | -195 | -200 | -198 | -192 | -189 | -189.7 |
| 第二组<br>$t=145℃$ | 1 | 130 | 130 | 150 | 140 | 130 | 130 | 140 | 135.7 |
| | 2 | 160 | 150 | 160 | 150 | 140 | 150 | 160 | 152.9 |
| | 3 | 130 | 140 | 130 | 160 | 110 | 130 | 140 | 134.3 |
| | 4 | 140 | 130 | 120 | 150 | 150 | 150 | 160 | 142.9 |
| | 静压 | -170 | -180 | -190 | -200 | -180 | -230 | -180 | -190 |
| 第三组<br>$t=113℃$ | 1 | 170 | 180 | 160 | 150 | 140 | 150 | 160 | 158.6 |
| | 2 | 180 | 140 | 180 | 180 | 170 | 160 | 160 | 167.1 |
| | 3 | 150 | 160 | 170 | 160 | 160 | 170 | 130 | 157.1 |
| | 4 | 140 | 170 | 110 | 110 | 170 | 190 | 90 | 140 |
| | 静压 | -130 | -120 | -130 | -120 | -80 | -90 | -100 | -110 |
| 第四组<br>$t=106℃$ | 1 | 140 | 150 | 110 | 120 | 120 | 130 | 140 | 130 |
| | 2 | 130 | 160 | 170 | 140 | 130 | 130 | 140 | 142.9 |

续附表 1-8

| 组　别 | 测点 | 压差/Pa | | | | | | | |
|---|---|---|---|---|---|---|---|---|---|
| | | 1 | 2 | 3 | 4 | 5 | 6 | 7 | 均值 |
| 第四组<br>$t=106$℃ | 3 | 160 | 180 | 170 | 230 | 190 | 120 | 180 | 175.7 |
| | 4 | 80 | 110 | 120 | 120 | 110 | 90 | 110 | 105.7 |
| | 静压 | -220 | -220 | -210 | -210 | -160 | -190 | -180 | -198.6 |
| 第五组<br>$t=188$℃ | 1 | 120 | 130 | 120 | 120 | 160 | 130 | 140 | 131.4 |
| | 2 | 130 | 120 | 120 | 130 | 150 | 140 | 120 | 130 |
| | 3 | 110 | 120 | 120 | 130 | 150 | 140 | 120 | 127.1 |
| | 4 | 100 | 90 | 80 | 80 | 90 | 90 | 60 | 84.3 |
| | 静压 | -50 | -90 | -100 | -110 | -120 | -130 | -150 | -107.1 |
| 第六组<br>$t=228$℃ | 1 | 100 | 100 | 110 | 110 | 140 | 130 | 110 | 114.3 |
| | 2 | 80 | 110 | 130 | 120 | 90 | 100 | 110 | 105.7 |
| | 3 | 100 | 100 | 100 | 120 | 110 | 110 | 110 | 107.1 |
| | 4 | 90 | 100 | 100 | 100 | 70 | 90 | 80 | 90 |
| | 静压 | -130 | -130 | -140 | -130 | -160 | -140 | -150 | -140 |
| 第七组<br>$t=155$℃ | 1 | 140 | 130 | 100 | 100 | 100 | 150 | 140 | 122.9 |
| | 2 | 140 | 120 | 130 | 140 | 130 | 100 | 70 | 118.6 |
| | 3 | 150 | 120 | 130 | 120 | 130 | 120 | 140 | 130 |
| | 4 | 120 | 140 | 140 | 100 | 110 | 110 | 90 | 115.7 |
| | 静压 | -180 | -220 | -190 | -170 | -180 | -190 | -180 | -187.1 |
| 第八组<br>$t=152$℃ | 1 | 140 | 150 | 160 | 150 | 160 | 160 | 170 | 155.7 |
| | 2 | 200 | 170 | 170 | 170 | 160 | 160 | 170 | 171.4 |
| | 3 | 190 | 180 | 170 | 170 | 170 | 180 | 100 | 165.7 |
| | 4 | 150 | 130 | 170 | 160 | 130 | 100 | 140 | 140 |
| | 静压 | -130 | -190 | -190 | -180 | -160 | -130 | -160 | -162.9 |

注：每一组测试四个点，测点位置见附表 1-7，每个测点记 7 个数据。

**附表 1-9　抽风干燥和预热一段排出气体**（东）

| 时　间 | 组别 | 测点 | 压差/Pa | | | | | | | |
|---|---|---|---|---|---|---|---|---|---|---|
| | | | 1 | 2 | 3 | 4 | 5 | 6 | 7 | 均值 |
| 7.25 | 第一组<br>$t=158$℃ | 1 | 120 | 90 | 120 | 130 | 120 | 150 | 140 | 124.3 |
| | | 2 | 190 | 150 | 180 | 140 | 170 | 180 | 170 | 168.6 |
| | | 3 | 160 | 190 | 160 | 220 | 110 | 210 | 170 | 174.3 |
| | | 4 | 180 | 190 | 160 | 190 | 200 | 150 | 140 | 172.9 |
| | | 静压 | -1680 | -1690 | -1700 | -1670 | -1660 | -1690 | -1720 | -1687.1 |

续附表 1-9

| 时 间 | 组别 | 测点 | 压差/Pa | | | | | | | |
|---|---|---|---|---|---|---|---|---|---|---|
| | | | 1 | 2 | 3 | 4 | 5 | 6 | 7 | 均值 |
| 7.25 | 第二组 $t=156$℃ | 1 | 100 | 80 | 70 | 90 | 100 | 110 | 110 | 94.3 |
| | | 2 | 170 | 130 | 180 | 150 | 150 | 150 | 140 | 152.9 |
| | | 3 | 180 | 180 | 170 | 200 | 190 | 160 | 200 | 182.9 |
| | | 4 | 160 | 150 | 180 | 170 | 200 | 180 | 180 | 174.3 |
| | | 静压 | −1560 | −1640 | −1610 | −1640 | −1630 | −1600 | −1640 | −1617.1 |
| | 第三组 $t=128$℃ | 1 | 100 | 130 | 80 | 130 | 100 | 100 | 100 | 105.7 |
| | | 2 | 110 | 120 | 140 | 110 | 140 | 130 | 170 | 131.4 |
| | | 3 | 200 | 200 | 160 | 190 | 180 | 210 | 160 | 185.7 |
| | | 4 | 200 | 160 | 150 | 190 | 190 | 160 | 210 | 180 |
| | | 静压 | −1530 | −1590 | −1650 | −1650 | −1660 | −1630 | −1620 | −1618.6 |
| | 第四组 $t=125$℃ | 1 | 100 | 110 | 100 | 100 | 110 | 110 | 100 | 104.3 |
| | | 2 | 140 | 110 | 110 | 120 | 160 | 140 | 110 | 127.1 |
| | | 3 | 130 | 160 | 190 | 160 | 140 | 200 | 210 | 170 |
| | | 4 | 120 | 130 | 160 | 170 | 140 | 160 | 130 | 144.3 |
| | | 静压 | −1650 | −1670 | −1640 | −1680 | −1700 | −1690 | −1630 | −1665.7 |
| 7.26 | 第五组 $t=121$℃ | 1 | 90 | 102 | 122 | 142 | 132 | 127 | 133 | 121.1 |
| | | 2 | 82 | 97 | 113 | 135 | 102 | 118 | 122 | 109.9 |
| | | 3 | 84 | 104 | 119 | 118 | 137 | 137 | 114 | 116.1 |
| | | 4 | 108 | 104 | 116 | 114 | 108 | 123 | 148 | 117.3 |
| | | 静压 | −1900 | −1920 | −1960 | −1930 | −1880 | −1890 | −1940 | −1917.1 |
| | 第六组 $t=122$℃ | 1 | 96 | 75 | 142 | 141 | 122 | 155 | 143 | 124.9 |
| | | 2 | 90 | 104 | 107 | 131 | 133 | 167 | 166 | 128.3 |
| | | 3 | 90 | 88 | 130 | 97 | 155 | 134 | 153 | 121 |
| | | 4 | 90 | 154 | 132 | 127 | 130 | 191 | 161 | 140.7 |
| | | 静压 | −1830 | −1860 | −1850 | −1870 | −1880 | −1870 | −1850 | −1858.6 |
| | 第七组 $t=146$℃ | 1 | 83.5 | 92.6 | 156 | 118 | 124 | 257 | 279 | 158.6 |
| | | 2 | 104 | 123 | 144 | 146 | 149 | 253 | 240 | 165.6 |
| | | 3 | 105 | 107 | 109 | 108 | 147 | 261 | 257 | 156.3 |
| | | 4 | 113 | 102 | 145 | 62 | 174 | 170 | 153 | 131.3 |
| | | 静压 | −1810 | −1790 | −1800 | −1820 | −1830 | −1770 | −1790 | −1801.4 |

续附表 1-9

| 时　间 | 组别 | 测点 | 压差/Pa | | | | | | | |
|---|---|---|---|---|---|---|---|---|---|---|
| | | | 1 | 2 | 3 | 4 | 5 | 6 | 7 | 均值 |
| 7.26 | 第八组 $t=158℃$ | 1 | 62 | 69.4 | 100 | 109 | 164 | 152 | 156 | 116.1 |
| | | 2 | 72 | 72.3 | 126 | 133 | 161 | 151 | 148 | 123.3 |
| | | 3 | 73.3 | 73.8 | 139 | 118 | 131 | 148 | 166 | 121.3 |
| | | 4 | 80.5 | 82.5 | 106 | 134 | 145 | 160 | 133 | 120.1 |
| | | 静压 | 1810 | 1790 | 1800 | 1850 | 1830 | 1810 | 1800 | 1812.9 |

注：每一组测试四个点，测点位置见附表 1–7，每个测点记 7 个数据。

**附表 1-10　抽风干燥和预热一段排出气体（西）**

| 时　间 | 温度/℃ | 压力/Pa | 压差/Pa | | | |
|---|---|---|---|---|---|---|
| | | | 1 | 2 | 3 | 4 |
| 7.25 | 132.3 | -1900 | 206 | 300 | 293 | 225 |
| | 132.2 | -1930 | 270 | 269 | 295 | 233 |
| | 132.2 | -1940 | 260 | 253 | 305 | 205 |
| | 132.2 | -1890 | 225 | 258 | 325 | 219 |
| | 132.3 | -1900 | 221 | 273 | 297 | 212 |
| | 132.1 | -1890 | 217 | 249 | 315 | 221 |
| | 132.4 | -1920 | 235 | 255 | 332 | 231 |
| | 132.3 | -1860 | 183 | 214 | 204 | 231 |
| | 132.3 | -1830 | 196 | 227 | 202 | 255 |
| | 132.2 | -1890 | 216 | 215 | 179 | 221 |
| | 132.3 | -1840 | 192 | 219 | 225 | 233 |
| | 132.1 | -1860 | 173 | 179 | 230 | 251 |
| | 132.4 | -1830 | 219 | 208 | 215 | 257 |
| | 132.4 | -1840 | 221 | 225 | 199 | 219 |
| | 134.1 | -1960 | 123 | 194 | 227 | 218 |
| | 133.8 | -1980 | 138 | 181 | 255 | 221 |
| | 134.3 | -1930 | 163 | 207 | 207 | 239 |
| | 133 | -1990 | 138 | 199 | 237 | 298 |
| | 133.5 | -1980 | 142 | 188 | 289 | 272 |
| | 133.4 | -1930 | 148 | 219 | 284 | 241 |
| | 133.9 | -1990 | 125 | 258 | 261 | 247 |
| | 135 | -1890 | 158 | 241 | 218 | 216 |

续附表 1-10

| 时 间 | 温度/℃ | 压力/Pa | 压差/Pa | | | |
|---|---|---|---|---|---|---|
| | | | 1 | 2 | 3 | 4 |
| 7.25 | 134.9 | −1980 | 136 | 265 | 199 | 253 |
| | 134.8 | −1970 | 126 | 236 | 204 | 259 |
| | 135.2 | −1940 | 133 | 256 | 221 | 246 |
| | 135.0 | −1970 | 162 | 258 | 229 | 247 |
| | 134.9 | −2031 | 137 | 225 | 226 | 258 |
| | 134.9 | −2030 | 140 | 256 | 235 | 282 |
| | 132.3 | −1840 | 112 | 193 | 224 | 231 |
| | 132.2 | −1860 | 132 | 201 | 189 | 177 |
| | 132.2 | −1880 | 151 | 209 | 221 | 183 |
| | 132.2 | −1890 | 167 | 195 | 188 | 199 |
| | 132.3 | −1830 | 109 | 219 | 239 | 202 |
| | 132.1 | −1870 | 133 | 216 | 242 | 197 |
| | 132.4 | −1860 | 115 | 214 | 162 | 224 |
| | 135 | −1930 | 133 | 207 | 234 | 289 |
| | 134.9 | −1950 | 148 | 234 | 211 | 262 |
| | 134.8 | −1980 | 151 | 215 | 232 | 227 |
| | 135.3 | −1920 | 130 | 250 | 208 | 259 |
| | 135.1 | −1980 | 132 | 268 | 194 | 248 |
| | 135.4 | −1960 | 115 | 244 | 210 | 212 |
| | 135.4 | −1860 | 137 | 229 | 192 | 275 |
| 7.26 | 133 | −1880 | 135 | 248 | 221 | 212 |
| | 134 | −1860 | 131 | 211 | 230 | 189 |
| | 134 | −1830 | 129 | 206 | 252 | 226 |
| | 134 | −1820 | 144 | 225 | 201 | 207 |
| | 132 | −1880 | 142 | 185 | 222 | 211 |
| | 135 | −1850 | 173 | 237 | 243 | 235 |
| | 133 | −1860 | 163 | 205 | 235 | 215 |

注：测点位置情况同附表 1-7。

## 附表 1-11-1　7 月 25 号预热二段排出气体（东）

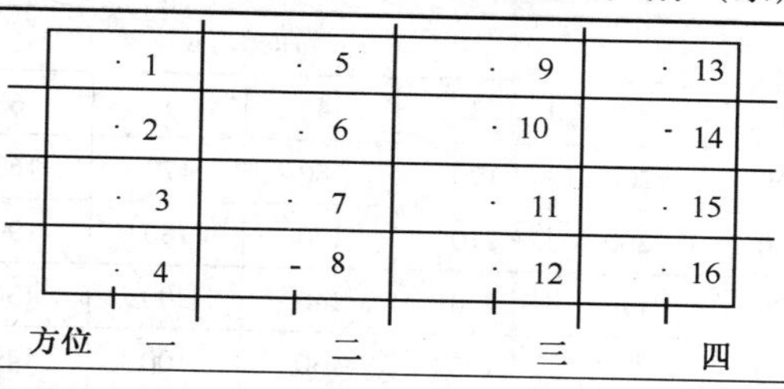

| · 1 | · 5 | · 9 | · 13 |
|---|---|---|---|
| · 2 | · 6 | · 10 | · 14 |
| · 3 | · 7 | · 11 | · 15 |
| · 4 | · 8 | · 12 | · 16 |

方位　一　二　三　四

| 方位 | 测点 | 压差/Pa | | | | | | | |
|---|---|---|---|---|---|---|---|---|---|
| | | 1 | 2 | 3 | 4 | 5 | 6 | 7 | 均值 |
| 一 | 1 | 120 | 130 | 140 | 110 | 160 | 160 | 130 | 135.7 |
| | 2 | 160 | 200 | 210 | 100 | 140 | 100 | 190 | 157.1 |
| | 3 | 140 | 150 | 110 | 110 | 140 | 180 | 150 | 140 |
| | 4 | 120 | 70 | 80 | 110 | 100 | 130 | 80 | 98.6 |
| 二 | 1 | 160 | 130 | 160 | 160 | 170 | 140 | 130 | 150 |
| | 2 | 140 | 80 | 120 | 160 | 170 | 140 | 130 | 134.37 |
| | 3 | 180 | 150 | 140 | 150 | 200 | 160 | 170 | 164.3 |
| | 4 | 70 | 60 | 70 | 100 | 80 | 110 | 80 | 81.4 |
| 三 | 1 | 140 | 170 | 130 | 130 | 130 | 140 | 160 | 142.9 |
| | 2 | 180 | 140 | 150 | 150 | 180 | 170 | 170 | 162.9 |
| | 3 | 170 | 190 | 220 | 210 | 250 | 220 | 160 | 202.9 |
| | 4 | 130 | 140 | 150 | 140 | 180 | 140 | 160 | 148.6 |
| 四 | 1 | 150 | 130 | 190 | 150 | 130 | 170 | 180 | 157.1 |
| | 2 | 220 | 230 | 220 | 190 | 230 | 220 | 210 | 217.1 |
| | 3 | 140 | 170 | 180 | 170 | 180 | 160 | 170 | 167.1 |
| | 4 | 140 | 130 | 120 | 160 | 160 | 170 | 120 | 142.9 |
| 静压/Pa | | −1010 | −1030 | −1060 | −1030 | −1030 | −990 | −1050 | −1028.6 |
| 温度/℃ | | 352 | | | | | | | |

## 附表 1-11-2　7 月 25 号预热二段排出气体（东）

| 方位 | 测点 | 压差/Pa | | | | | | | |
|---|---|---|---|---|---|---|---|---|---|
| | | 1 | 2 | 3 | 4 | 5 | 6 | 7 | 均值 |
| 一 | 1 | 170 | 200 | 140 | 150 | 150 | 150 | 140 | 157.1 |
| | 2 | 220 | 260 | 230 | 260 | 260 | 270 | 300 | 257.1 |
| | 3 | 190 | 170 | 150 | 180 | 190 | 180 | 140 | 171.4 |
| | 4 | 80 | 90 | 90 | 90 | 100 | 80 | 60 | 84.2 |

续附表 1-11-2

| 方位 | 测点 | 压差/Pa | | | | | | | |
|---|---|---|---|---|---|---|---|---|---|
| | | 1 | 2 | 3 | 4 | 5 | 6 | 7 | 均值 |
| 二 | 1 | 160 | 200 | 170 | 180 | 170 | 160 | 200 | 177.1 |
| | 2 | 190 | 200 | 210 | 170 | 180 | 190 | 200 | 191.4 |
| | 3 | 130 | 170 | 200 | 140 | 200 | 130 | 130 | 157.1 |
| | 4 | 100 | 80 | 170 | 130 | 100 | 140 | 130 | 121.4 |
| 三 | 1 | 140 | 190 | 180 | 180 | 190 | 160 | 170 | 172.9 |
| | 2 | 210 | 240 | 190 | 220 | 210 | 180 | 170 | 202.9 |
| | 3 | 240 | 230 | 190 | 180 | 210 | 230 | 270 | 221.4 |
| | 4 | 180 | 160 | 170 | 150 | 210 | 220 | 190 | 182.9 |
| 四 | 1 | 160 | 190 | 170 | 140 | 140 | 170 | 180 | 164.3 |
| | 2 | 160 | 210 | 180 | 150 | 180 | 150 | 190 | 174.3 |
| | 3 | 170 | 130 | 140 | 170 | 100 | 130 | 110 | 135.7 |
| | 4 | 110 | 100 | 110 | 100 | 160 | 120 | 160 | 122.9 |
| 静压/Pa | | −1170 | −1110 | −1100 | −1090 | −1110 | −1070 | −1100 | −1107.1 |
| 温度/℃ | | 350 | | | | | | | |

注：每一方位测试四个点，测点位置见附表 1-11-1，每个测点记 7 个数据。

**附表 1-11-3　7 月 25 号预热二段排出气体（东）**

| 方位 | 测点 | 压差/Pa | | | | | | | |
|---|---|---|---|---|---|---|---|---|---|
| | | 1 | 2 | 3 | 4 | 5 | 6 | 7 | 均值 |
| 一 | 1 | 150 | 110 | 140 | 140 | 140 | 190 | 150 | 145.7 |
| | 2 | 230 | 190 | 170 | 180 | 170 | 140 | 230 | 187.1 |
| | 3 | 160 | 140 | 130 | 150 | 110 | 160 | 160 | 144.3 |
| | 4 | 50 | 40 | 50 | 50 | 60 | 50 | 80 | 54.3 |
| 二 | 1 | 190 | 120 | 160 | 170 | 120 | 130 | 120 | 144.3 |
| | 2 | 140 | 110 | 150 | 180 | 150 | 100 | 110 | 134.3 |
| | 3 | 80 | 110 | 70 | 130 | 110 | 120 | 110 | 104.3 |
| | 4 | 100 | 80 | 40 | 30 | 70 | 40 | 80 | 62.9 |
| 三 | 1 | 150 | 100 | 110 | 100 | 80 | 100 | 90 | 104.3 |
| | 2 | 200 | 170 | 140 | 100 | 150 | 110 | 140 | 144.3 |
| | 3 | 130 | 160 | 170 | 150 | 140 | 100 | 160 | 144.3 |
| | 4 | 110 | 80 | 110 | 140 | 150 | 130 | 120 | 120 |

续附表 1-11-3

| 方位 | 测点 | 压差/Pa | | | | | | | |
|---|---|---|---|---|---|---|---|---|---|
| | | 1 | 2 | 3 | 4 | 5 | 6 | 7 | 均值 |
| 四 | 1 | 120 | 200 | 160 | 150 | 150 | 210 | 140 | 161.4 |
| | 2 | 190 | 120 | 110 | 180 | 150 | 140 | 140 | 147.1 |
| | 3 | 120 | 110 | 80 | 130 | 140 | 150 | 140 | 124.3 |
| | 4 | 100 | 80 | 110 | 80 | 90 | 100 | 140 | 100 |
| 静压/Pa | | -1120 | -1090 | -1090 | -1060 | -1100 | -1080 | -1040 | -1082.9 |
| 温度/℃ | | 348 | | | | | | | |

注：每一方位测试四个点，测点位置见附表 1-11-1，每个测点记 7 个数据。

**附表 1-11-4　7 月 25 号预热二段排出气体（东）**

| 方位 | 测点 | 压差/Pa | | | | | | | |
|---|---|---|---|---|---|---|---|---|---|
| | | 1 | 2 | 3 | 4 | 5 | 6 | 7 | 均值 |
| 一 | 1 | 130 | 140 | 160 | 100 | 140 | 130 | 120 | 131.4 |
| | 2 | 120 | 180 | 180 | 220 | 150 | 140 | 130 | 160 |
| | 3 | 140 | 110 | 130 | 190 | 170 | 170 | 190 | 157.1 |
| | 4 | 40 | 40 | 50 | 50 | 40 | 40 | 40 | 42.9 |
| 二 | 1 | 150 | 150 | 140 | 110 | 160 | 190 | 150 | 150 |
| | 2 | 190 | 160 | 170 | 170 | 130 | 190 | 130 | 162.9 |
| | 3 | 140 | 110 | 80 | 80 | 190 | 140 | 140 | 125.7 |
| | 4 | 160 | 80 | 80 | 60 | 70 | 80 | 100 | 90 |
| 三 | 1 | 100 | 90 | 140 | 120 | 180 | 150 | 120 | 128.6 |
| | 2 | 110 | 140 | 140 | 130 | 100 | 120 | 120 | 122.9 |
| | 3 | 130 | 130 | 130 | 160 | 130 | 160 | 130 | 138.6 |
| | 4 | 120 | 120 | 110 | 120 | 150 | 140 | 170 | 132.9 |
| 四 | 1 | 180 | 210 | 180 | 210 | 210 | 180 | 150 | 188.6 |
| | 2 | 210 | 140 | 180 | 200 | 150 | 160 | 170 | 354.3 |
| | 3 | 130 | 100 | 140 | 150 | 160 | 130 | 160 | 138.6 |
| | 4 | 110 | 140 | 150 | 140 | 140 | 130 | 150 | 137.1 |
| 静压/Pa | | -1130 | -1180 | -1150 | -1190 | -1160 | -1140 | -1170 | -1160 |
| 温度/℃ | | 326 | | | | | | | |

注：每一方位测试四个点，测点位置见附表 1-11-1，每个测点记 7 个数据。

附表 1-11-5 7 月 25 号预热二段排出气体（东）

| 方位 | 测点 | 压差/Pa | | | | | | | |
|---|---|---|---|---|---|---|---|---|---|
| | | 1 | 2 | 3 | 4 | 5 | 6 | 7 | 均值 |
| 一 | 1 | 80 | 80 | 80 | 80 | 70 | 80 | 80 | 78.6 |
| | 2 | 110 | 100 | 90 | 60 | 50 | 70 | 80 | 80 |
| | 3 | 60 | 70 | 70 | 70 | 60 | 70 | 70 | 67.1 |
| | 4 | 50 | 50 | 40 | 40 | 40 | 50 | 50 | 45.7 |
| 二 | 1 | 100 | 90 | 80 | 80 | 100 | 80 | 70 | 85.7 |
| | 2 | 90 | 80 | 90 | 80 | 80 | 110 | 100 | 90 |
| | 3 | 90 | 120 | 110 | 80 | 110 | 110 | 100 | 102.9 |
| | 4 | 80 | 60 | 50 | 80 | 70 | 70 | 70 | 68.6 |
| 三 | 1 | 100 | 90 | 60 | 70 | 80 | 80 | 80 | 80 |
| | 2 | 100 | 100 | 100 | 90 | 90 | 90 | 90 | 94.3 |
| | 3 | 100 | 100 | 90 | 90 | 90 | 80 | 90 | 91.4 |
| | 4 | 80 | 100 | 90 | 70 | 70 | 90 | 80 | 82.9 |
| 四 | 1 | 60 | 90 | 80 | 90 | 80 | 90 | 90 | 82.9 |
| | 2 | 70 | 100 | 110 | 110 | 100 | 90 | 100 | 98.3 |
| | 3 | 90 | 80 | 80 | 30 | 60 | 80 | 80 | 71.4 |
| | 4 | 50 | 90 | 60 | 50 | 50 | 60 | 40 | 57.1 |
| 静压/Pa | | −410 | −390 | −400 | −390 | −420 | −420 | −420 | −407.1 |
| 温度/℃ | | 372 | | | | | | | |

注：每一方位测试四个点，测点位置见附表 1-11-1，每个测点记 7 个数据。

附表 1-11-6 7 月 25 号预热二段排出气体（东）

| 方位 | 测点 | 压差/Pa | | | | | | | |
|---|---|---|---|---|---|---|---|---|---|
| | | 1 | 2 | 3 | 4 | 5 | 6 | 7 | 均值 |
| 一 | 1 | 140 | 130 | 120 | 150 | 140 | 130 | 140 | 135.7 |
| | 2 | 150 | 180 | 170 | 210 | 220 | 170 | 200 | 185.7 |
| | 3 | 120 | 130 | 140 | 100 | 160 | 100 | 100 | 121.4 |
| | 4 | 80 | 80 | 50 | 50 | 40 | 50 | 70 | 60 |
| 二 | 1 | 120 | 130 | 130 | 130 | 140 | 120 | 140 | 130 |
| | 2 | 130 | 180 | 120 | 160 | 110 | 140 | 140 | 140 |
| | 3 | 130 | 140 | 90 | 90 | 130 | 110 | 110 | 114.3 |
| | 4 | 110 | 110 | 110 | 150 | 100 | 90 | 100 | 110 |

续附表 1-11-6

| 方位 | 测点 | 压差/Pa | | | | | | | |
|---|---|---|---|---|---|---|---|---|---|
| | | 1 | 2 | 3 | 4 | 5 | 6 | 7 | 均值 |
| 三 | 1 | 110 | 120 | 120 | 110 | 110 | 120 | 130 | 117.1 |
| | 2 | 160 | 150 | 170 | 140 | 130 | 110 | 110 | 138.6 |
| | 3 | 190 | 170 | 190 | 150 | 170 | 170 | 190 | 175.7 |
| | 4 | 100 | 110 | 160 | 150 | 130 | 160 | 120 | 132.9 |
| 四 | 1 | 130 | 170 | 170 | 170 | 170 | 140 | 160 | 158.6 |
| | 2 | 170 | 160 | 200 | 190 | 190 | 150 | 200 | 180 |
| | 3 | 140 | 140 | 130 | 140 | 100 | 110 | 110 | 124.3 |
| | 4 | 140 | 130 | 160 | 130 | 130 | 120 | 120 | 132.9 |
| 静压/Pa | | -940 | -970 | -920 | -960 | -930 | -940 | -940 | -942.9 |
| 温度/℃ | | 362 | | | | | | | |

注：每一方位测试四个点，测点位置见附表 1-11-1，每个测点记 7 个数据。

**附表 1-11-7　7 月 25 号预热二段排出气体（东）**

| 方位 | 测点 | 压差/Pa | | | | | | | |
|---|---|---|---|---|---|---|---|---|---|
| | | 1 | 2 | 3 | 4 | 5 | 6 | 7 | 均值 |
| 一 | 1 | 110 | 150 | 140 | 160 | 160 | 120 | 100 | 134.3 |
| | 2 | 150 | 200 | 210 | 160 | 170 | 160 | 150 | 171.4 |
| | 3 | 150 | 150 | 160 | 160 | 170 | 130 | 100 | 145.7 |
| | 4 | 40 | 40 | 50 | 50 | 40 | 30 | 40 | 41.4 |
| 二 | 1 | 80 | 90 | 100 | 80 | 100 | 130 | 130 | 101.4 |
| | 2 | 130 | 150 | 150 | 140 | 140 | 110 | 110 | 132.9 |
| | 3 | 120 | 110 | 120 | 120 | 110 | 90 | 110 | 111.4 |
| | 4 | 50 | 50 | 20 | 30 | 30 | 40 | 50 | 38.6 |
| 三 | 1 | 60 | 100 | 100 | 100 | 150 | 150 | 80 | 105.7 |
| | 2 | 120 | 150 | 140 | 120 | 120 | 140 | 170 | 137.1 |
| | 3 | 130 | 110 | 130 | 130 | 140 | 130 | 110 | 125.7 |
| | 4 | 130 | 110 | 110 | 90 | 100 | 100 | 110 | 107.1 |
| 四 | 1 | 130 | 160 | 120 | 120 | 110 | 100 | 100 | 120 |
| | 2 | 170 | 170 | 190 | 170 | 160 | 160 | 160 | 168.6 |
| | 3 | 120 | 160 | 120 | 120 | 110 | 100 | 90 | 117.1 |
| | 4 | 150 | 100 | 110 | 110 | 120 | 90 | 100 | 111.4 |
| 静压/Pa | | -1090 | -1140 | -1200 | -1240 | -1170 | -1160 | -1170 | -1167.1 |
| 温度/℃ | | 350 | | | | | | | |

注：每一方位测试四个点，测点位置见附表 1-11-1，每个测点记 7 个数据。

## 附表 1-11-8 7月25号预热二段排出气体（东）

| 方位 | 测点 | 压差/Pa | | | | | | | |
|---|---|---|---|---|---|---|---|---|---|
| | | 1 | 2 | 3 | 4 | 5 | 6 | 7 | 均值 |
| 一 | 1 | 150 | 140 | 160 | 160 | 130 | 130 | 160 | 147.1 |
| | 2 | 140 | 170 | 180 | 160 | 170 | 180 | 180 | 168.6 |
| | 3 | 170 | 160 | 160 | 150 | 130 | 150 | 120 | 315.7 |
| | 4 | 50 | 70 | 70 | 40 | 70 | 70 | 70 | 62.9 |
| 二 | 1 | 140 | 150 | 130 | 110 | 120 | 120 | 120 | 127.1 |
| | 2 | 120 | 160 | 160 | 150 | 140 | 100 | 110 | 134.3 |
| | 3 | 120 | 120 | 110 | 110 | 120 | 90 | 100 | 110 |
| | 4 | 70 | 70 | 50 | 60 | 70 | 70 | 50 | 62.9 |
| 三 | 1 | 130 | 130 | 80 | 100 | 90 | 90 | 100 | 102.9 |
| | 2 | 160 | 120 | 130 | 150 | 130 | 100 | 90 | 125.7 |
| | 3 | 120 | 140 | 130 | 130 | 120 | 140 | 130 | 130 |
| | 4 | 110 | 130 | 120 | 100 | 110 | 110 | 100 | 111.4 |
| 四 | 1 | 120 | 150 | 140 | 140 | 130 | 160 | 160 | 142.9 |
| | 2 | 180 | 150 | 140 | 130 | 140 | 160 | 160 | 151.4 |
| | 3 | 100 | 110 | 120 | 140 | 120 | 130 | 140 | 122.9 |
| | 4 | 100 | 80 | 90 | 100 | 80 | 80 | 90 | 88.6 |
| 静压/Pa | | -1090 | -1360 | -1120 | -1130 | -1160 | -1150 | -1140 | -1164.3 |
| 温度/℃ | | 384 | | | | | | | |

注：每一方位测试四个点，测点位置见附表 1-11-1，每个测点记7个数据。

## 附表 1-12-1 7月25号预热二段排出气体（西）

| 方位 | 测点 | 压差/Pa | | | | | | | |
|---|---|---|---|---|---|---|---|---|---|
| | | 1 | 2 | 3 | 4 | 5 | 6 | 7 | 均值 |
| 一 | 1 | 120 | 130 | 140 | 130 | 140 | 130 | 120 | 130 |
| | 2 | 180 | 160 | 170 | 180 | 220 | 210 | 190 | 187.1 |
| | 3 | 180 | 170 | 160 | 150 | 140 | 130 | 200 | 161.4 |
| | 4 | 150 | 160 | 160 | 170 | 140 | 130 | 180 | 155.7 |
| 二 | 1 | 170 | 210 | 190 | 150 | 160 | 190 | 180 | 178.6 |
| | 2 | 200 | 160 | 220 | 210 | 210 | 200 | 190 | 198.6 |
| | 3 | 240 | 230 | 190 | 160 | 130 | 200 | 220 | 195.7 |
| | 4 | 190 | 220 | 190 | 150 | 160 | 140 | 130 | 168.6 |

续附表 1-12-1

| 方位 | 测点 | 压差/Pa | | | | | | | |
|---|---|---|---|---|---|---|---|---|---|
| | | 1 | 2 | 3 | 4 | 5 | 6 | 7 | 均值 |
| 三 | 1 | 90 | 100 | 50 | 50 | 40 | 40 | 100 | 67.1 |
| | 2 | 210 | 180 | 190 | 150 | 170 | 180 | 150 | 175.7 |
| | 3 | 190 | 190 | 200 | 230 | 190 | 190 | 210 | 200 |
| | 4 | 140 | 130 | 130 | 170 | 150 | 190 | 170 | 154.3 |
| 四 | 1 | 200 | 200 | 160 | 150 | 190 | 120 | 160 | 168.6 |
| | 2 | 190 | 180 | 210 | 150 | 190 | 200 | 220 | 191.4 |
| | 3 | 160 | 180 | 190 | 200 | 190 | 200 | 170 | 184.3 |
| | 4 | 210 | 210 | 170 | 220 | 180 | 180 | 180 | 192.9 |
| 静压/Pa | | -1360 | -1310 | -1340 | -1390 | -1350 | -1390 | -1400 | -1362.9 |
| 温度/℃ | | 341 | | | | | | | |

注：每一方位测试四个点，测点位置见附表 1-11-1，每个测点记 7 个数据。

**附表 1-12-2　7 月 25 号预热二段排出气体（西）**

| 方位 | 测点 | 压差/Pa | | | | | | | |
|---|---|---|---|---|---|---|---|---|---|
| | | 1 | 2 | 3 | 4 | 5 | 6 | 7 | 均值 |
| 一 | 1 | 160 | 150 | 140 | 150 | 160 | 160 | 210 | 161.4 |
| | 2 | 190 | 200 | 230 | 270 | 220 | 210 | 220 | 220 |
| | 3 | 190 | 210 | 210 | 170 | 180 | 230 | 200 | 198.6 |
| | 4 | 170 | 150 | 180 | 180 | 160 | 170 | 150 | 165.7 |
| 二 | 1 | 170 | 200 | 160 | 170 | 140 | 140 | 120 | 157.1 |
| | 2 | 160 | 220 | 200 | 180 | 200 | 180 | 240 | 197.1 |
| | 3 | 180 | 230 | 230 | 220 | 240 | 210 | 160 | 210 |
| | 4 | 170 | 140 | 150 | 140 | 160 | 140 | 200 | 157.1 |
| 三 | 1 | 70 | 50 | 90 | 50 | 60 | 50 | 60 | 61.4 |
| | 2 | 130 | 130 | 160 | 200 | 190 | 180 | 170 | 165.7 |
| | 3 | 190 | 190 | 180 | 170 | 140 | 200 | 210 | 182.9 |
| | 4 | 80 | 100 | 140 | 170 | 160 | 120 | 130 | 128.6 |
| 四 | 1 | 130 | 160 | 150 | 200 | 170 | 200 | 250 | 180 |
| | 2 | 180 | 180 | 220 | 190 | 240 | 230 | 190 | 204.3 |
| | 3 | 210 | 180 | 150 | 150 | 120 | 200 | 170 | 168.6 |
| | 4 | 150 | 170 | 170 | 190 | 210 | 140 | 130 | 165.7 |
| 静压/Pa | | -1590 | -1570 | -1580 | -1590 | -1620 | -1610 | -1570 | -1590 |
| 温度/℃ | | 340 | | | | | | | |

注：每一方位测试四个点，测点位置见附表 1-11-1，每个测点记 7 个数据。

附表 1-12-3 7月25号预热二段排出气体（西）

| 方位 | 测点 | 压差/Pa | | | | | | | |
|---|---|---|---|---|---|---|---|---|---|
| | | 1 | 2 | 3 | 4 | 5 | 6 | 7 | 均值 |
| 一 | 1 | 190 | 160 | 150 | 140 | 150 | 140 | 150 | 154.3 |
| | 2 | 200 | 190 | 200 | 300 | 240 | 280 | 220 | 232.9 |
| | 3 | 230 | 240 | 200 | 170 | 210 | 190 | 240 | 211.4 |
| | 4 | 150 | 180 | 120 | 150 | 180 | 190 | 160 | 161.4 |
| 二 | 1 | 150 | 110 | 150 | 130 | 160 | 200 | 170 | 152.9 |
| | 2 | 170 | 170 | 210 | 180 | 200 | 190 | 200 | 188.6 |
| | 3 | 210 | 180 | 170 | 180 | 250 | 200 | 160 | 192.9 |
| | 4 | 150 | 140 | 130 | 100 | 120 | 110 | 150 | 128.6 |
| 三 | 1 | 20 | 30 | 40 | 40 | 30 | 30 | 40 | 32.9 |
| | 2 | 110 | 110 | 110 | 150 | 140 | 200 | 190 | 144.3 |
| | 3 | 180 | 120 | 160 | 170 | 140 | 210 | 170 | 164.3 |
| | 4 | 100 | 130 | 100 | 130 | 110 | 90 | 70 | 104.3 |
| 四 | 1 | 160 | 170 | 160 | 120 | 150 | 140 | 190 | 155.7 |
| | 2 | 140 | 150 | 160 | 170 | 190 | 180 | 160 | 164.3 |
| | 3 | 140 | 180 | 150 | 160 | 190 | 160 | 170 | 164.3 |
| | 4 | 110 | 140 | 120 | 210 | 170 | 140 | 200 | 155.7 |
| 静压/Pa | | -1470 | -1420 | -1400 | -1410 | -1430 | -1410 | -1460 | -1428.6 |
| 温度/℃ | | 311 | | | | | | | |

注：每一方位测试四个点，测点位置见附表 1-11-1，每个测点记 7 个数据。

附表 1-12-4 7月25号预热二段排出气体（西）

| 方位 | 测点 | 压差/Pa | | | | | | | |
|---|---|---|---|---|---|---|---|---|---|
| | | 1 | 2 | 3 | 4 | 5 | 6 | 7 | 均值 |
| 一 | 1 | 150 | 160 | 150 | 160 | 170 | 170 | 140 | 157.1 |
| | 2 | 220 | 170 | 210 | 200 | 230 | 260 | 250 | 220.0 |
| | 3 | 230 | 290 | 260 | 290 | 250 | 290 | 270 | 268.6 |
| | 4 | 160 | 240 | 230 | 150 | 160 | 180 | 170 | 184.3 |
| 二 | 1 | 110 | 100 | 190 | 160 | 220 | 180 | 170 | 161.4 |
| | 2 | 150 | 250 | 160 | 200 | 210 | 130 | 200 | 185.7 |
| | 3 | 200 | 200 | 210 | 170 | 220 | 220 | 190 | 201.4 |
| | 4 | 160 | 150 | 190 | 210 | 160 | 170 | 110 | 164.3 |

续附表 1-12-4

| 方位 | 测点 | 压差/Pa | | | | | | | |
|---|---|---|---|---|---|---|---|---|---|
| | | 1 | 2 | 3 | 4 | 5 | 6 | 7 | 均值 |
| 三 | 1 | 50 | 90 | 30 | 40 | 50 | 60 | 70 | 55.7 |
| | 2 | 140 | 80 | 160 | 170 | 170 | 140 | 110 | 138.6 |
| | 3 | 160 | 190 | 170 | 160 | 210 | 210 | 220 | 188.6 |
| | 4 | 120 | 130 | 180 | 190 | 150 | 160 | 170 | 157.1 |
| 四 | 1 | 220 | 220 | 160 | 210 | 200 | 230 | 180 | 202.9 |
| | 2 | 210 | 240 | 160 | 210 | 200 | 230 | 180 | 204.3 |
| | 3 | 160 | 100 | 150 | 180 | 220 | 210 | 200 | 174.3 |
| | 4 | 200 | 240 | 180 | 190 | 200 | 190 | 200 | 200.0 |
| 静压/Pa | | -1420 | -1480 | -1450 | -1451 | -1480 | -1440 | -1420 | -1448.7 |
| 温度/℃ | | 270 | | | | | | | |

注：每一方位测试四个点，测点位置见附表 1-11-1，每个测点记 7 个数据。

**附表 1-12-5　7 月 25 号预热二段排出气体（西）**

| 方位 | 测点 | 压差/Pa | | | | | | | |
|---|---|---|---|---|---|---|---|---|---|
| | | 1 | 2 | 3 | 4 | 5 | 6 | 7 | 均值 |
| 一 | 1 | 150 | 160 | 120 | 150 | 140 | 120 | 110 | 135.7 |
| | 2 | 180 | 170 | 160 | 170 | 180 | 220 | 240 | 188.6 |
| | 3 | 170 | 170 | 220 | 180 | 250 | 190 | 150 | 190.0 |
| | 4 | 160 | 170 | 170 | 120 | 130 | 160 | 210 | 160.0 |
| 二 | 1 | 160 | 150 | 110 | 80 | 150 | 180 | 120 | 135.7 |
| | 2 | 190 | 200 | 230 | 160 | 150 | 230 | 170 | 190.0 |
| | 3 | 190 | 200 | 170 | 180 | 150 | 190 | 220 | 185.7 |
| | 4 | 120 | 120 | 80 | 120 | 120 | 130 | 130 | 117.1 |
| 三 | 1 | 70 | 40 | 40 | 70 | 30 | 30 | 40 | 45.7 |
| | 2 | 130 | 110 | 160 | 190 | 180 | 160 | 170 | 157.1 |
| | 3 | 150 | 140 | 190 | 170 | 150 | 150 | 160 | 158.6 |
| | 4 | 150 | 180 | 120 | 150 | 130 | 170 | 160 | 151.4 |
| 四 | 1 | 120 | 190 | 140 | 150 | 190 | 220 | 190 | 171.4 |
| | 2 | 180 | 200 | 150 | 180 | 180 | 180 | 140 | 172.9 |
| | 3 | 150 | 200 | 170 | 140 | 140 | 200 | 150 | 164.3 |
| | 4 | 150 | 150 | 160 | 210 | 180 | 170 | 210 | 155.1 |
| 静压/Pa | | -1420 | -1540 | -1530 | -1560 | -1450 | -1500 | -1450 | -1492.9 |
| 温度/℃ | | 296 | | | | | | | |

注：每一方位测试四个点，测点位置见附表 1-11-1，每个测点记 7 个数据。

**附表 1-12-6 7月25号预热二段排出气体（西）**

| 方位 | 测点 | 压差/Pa | | | | | | | |
|---|---|---|---|---|---|---|---|---|---|
| | | 1 | 2 | 3 | 4 | 5 | 6 | 7 | 均值 |
| 一 | 1 | 230 | 150 | 170 | 180 | 190 | 170 | 180 | 181.4 |
| | 2 | 260 | 230 | 240 | 260 | 210 | 250 | 230 | 240.0 |
| | 3 | 230 | 190 | 170 | 210 | 190 | 270 | 190 | 207.1 |
| | 4 | 130 | 170 | 210 | 170 | 150 | 160 | 130 | 160.0 |
| 二 | 1 | 120 | 110 | 140 | 180 | 160 | 140 | 170 | 145.7 |
| | 2 | 220 | 170 | 210 | 200 | 230 | 260 | 250 | 220.0 |
| | 3 | 140 | 150 | 180 | 170 | 210 | 160 | 190 | 171.4 |
| | 4 | 170 | 190 | 140 | 160 | 150 | 180 | 110 | 157.1 |
| 三 | 1 | 50 | 50 | 50 | 40 | 60 | 60 | 50 | 51.4 |
| | 2 | 160 | 120 | 150 | 140 | 170 | 260 | 250 | 178.6 |
| | 3 | 190 | 190 | 180 | 181 | 170 | 230 | 130 | 181.6 |
| | 4 | 110 | 110 | 100 | 100 | 110 | 90 | 110 | 104.3 |
| 四 | 1 | 160 | 210 | 250 | 190 | 170 | 160 | 190 | 190.0 |
| | 2 | 220 | 180 | 120 | 150 | 150 | 180 | 210 | 172.9 |
| | 3 | 190 | 180 | 190 | 240 | 200 | 170 | 210 | 197.1 |
| | 4 | 170 | 210 | 170 | 140 | 150 | 150 | 140 | 161.4 |
| 静压/Pa | | -1360 | -1390 | -1390 | -1350 | -1360 | -1370 | -1360 | -1368.6 |
| 温度/℃ | | 276 | | | | | | | |

注：每一方位测试四个点，测点位置见附表 1-11-1，每个测点记 7 个数据。

**附表 1-12-7 7月25号预热二段排出气体（西）**

| 方位 | 测点 | 压差/Pa | | | | | | | |
|---|---|---|---|---|---|---|---|---|---|
| | | 1 | 2 | 3 | 4 | 5 | 6 | 7 | 均值 |
| 一 | 1 | 170 | 140 | 150 | 150 | 140 | 150 | 160 | 151.4 |
| | 2 | 190 | 190 | 220 | 210 | 200 | 160 | 170 | 191.4 |
| | 3 | 170 | 170 | 120 | 160 | 160 | 200 | 170 | 164.3 |
| | 4 | 160 | 180 | 150 | 150 | 160 | 110 | 110 | 145.7 |
| 二 | 1 | 160 | 200 | 150 | 120 | 120 | 110 | 120 | 140.0 |
| | 2 | 200 | 260 | 230 | 180 | 210 | 200 | 160 | 205.7 |
| | 3 | 160 | 150 | 160 | 130 | 170 | 170 | 150 | 155.7 |
| | 4 | 160 | 160 | 110 | 140 | 100 | 100 | 90 | 122.9 |

续附表 1-12-7

| 方位 | 测点 | 压差/Pa | | | | | | | |
|---|---|---|---|---|---|---|---|---|---|
| | | 1 | 2 | 3 | 4 | 5 | 6 | 7 | 均值 |
| 三 | 1 | 70 | 80 | 70 | 90 | 90 | 70 | 70 | 77.1 |
| | 2 | 130 | 140 | 180 | 150 | 180 | 190 | 190 | 165.7 |
| | 3 | 180 | 170 | 190 | 150 | 140 | 170 | 160 | 165.7 |
| | 4 | 160 | 120 | 110 | 140 | 140 | 100 | 110 | 125.7 |
| 四 | 1 | 150 | 170 | 160 | 160 | 170 | 210 | 240 | 180.0 |
| | 2 | 150 | 110 | 180 | 170 | 130 | 140 | 170 | 150.0 |
| | 3 | 170 | 170 | 200 | 160 | 170 | 210 | 140 | 174.3 |
| | 4 | 150 | 150 | 190 | 190 | 150 | 150 | 130 | 158.6 |
| 静压/Pa | | −1440 | −1470 | −1490 | −1460 | −1440 | −1490 | −1460 | −1464.3 |
| 温度/℃ | | 345 | | | | | | | |

注：每一方位测试四个点，测点位置见附表 1-11-1，每个测点记 7 个数据。

**附表 1-12-8　7 月 25 号预热二段排出气体（西）**

| 方位 | 测点 | 压差/Pa | | | | | | | |
|---|---|---|---|---|---|---|---|---|---|
| | | 1 | 2 | 3 | 4 | 5 | 6 | 7 | 均值 |
| 一 | 1 | 150 | 120 | 170 | 140 | 140 | 130 | 100 | 135.7 |
| | 2 | 160 | 230 | 240 | 160 | 240 | 150 | 200 | 197.1 |
| | 3 | 200 | 160 | 190 | 180 | 210 | 190 | 180 | 187.1 |
| | 4 | 190 | 150 | 160 | 180 | 220 | 170 | 140 | 172.9 |
| 二 | 1 | 150 | 190 | 160 | 160 | 100 | 180 | 190 | 161.4 |
| | 2 | 160 | 230 | 200 | 210 | 200 | 220 | 230 | 207.1 |
| | 3 | 240 | 200 | 200 | 270 | 240 | 240 | 190 | 225.7 |
| | 4 | 230 | 120 | 160 | 130 | 150 | 110 | 110 | 144.3 |
| 三 | 1 | 90 | 60 | 70 | 60 | 100 | 80 | 60 | 74.3 |
| | 2 | 160 | 160 | 110 | 190 | 150 | 170 | 210 | 164.3 |
| | 3 | 160 | 210 | 220 | 170 | 180 | 220 | 190 | 192.9 |
| | 4 | 150 | 160 | 170 | 150 | 160 | 150 | 160 | 157.1 |
| 四 | 1 | 180 | 150 | 230 | 220 | 150 | 180 | 220 | 190.0 |
| | 2 | 160 | 170 | 180 | 220 | 200 | 190 | 200 | 188.6 |
| | 3 | 170 | 160 | 200 | 170 | 150 | 180 | 170 | 171.4 |
| | 4 | 200 | 160 | 170 | 180 | 180 | 170 | 160 | 174.3 |
| 静压/Pa | | −1420 | −1450 | −1440 | −1420 | −1460 | −1430 | −1410 | −1432.9 |
| 温度/℃ | | 349 | | | | | | | |

注：每一方位测试四个点，测点位置见附表 1-11-1，每个测点记 7 个数据。

附表 1-13　进入预热二段气体温度（机头窑尾）补测

| 时间 | 温度/℃ | |
|---|---|---|
| 10.28 | 1178 | 1073 |
| | 1093 | 1086 |
| | 1101 | 1089 |
| | 1106 | 1100 |
| 平均 | 1103 | |

附表 1-14　抽风干燥和预热一段排出气体成分（东）

| 时间 | 烟气成分/% | | | |
|---|---|---|---|---|
| | $CO_2$ | $O_2$ | $NO_x$ | $SO_2$ |
| 7.25 | 0.8 | 18.8 | $12\times10^{-4}$ | $3\times10^{-4}$ |
| | 1.0 | 18.9 | $12\times10^{-4}$ | $30\times10^{-4}$ |
| | 0.8 | 18.8 | $18\times10^{-4}$ | $25\times10^{-4}$ |
| | 0.7 | 19.5 | $1\times10^{-4}$ | $24\times10^{-4}$ |
| | 0.7 | 19.4 | 0 | $1\times10^{-4}$ |
| 7.26 | 1.3 | 19.4 | 0 | $1\times10^{-4}$ |
| 平均 | 0.89 | 19.1 | $7.2\times10^{-4}$ | $14\times10^{-4}$ |

附表 1-15　抽风干燥和预热一段排出气体成分（西）

| 时间 | 烟气成分/% | | | |
|---|---|---|---|---|
| | $CO_2$ | $O_2$ | $NO_x$ | $SO_2$ |
| 7.25 | 1.2 | 18.4 | $17\times10^{-4}$ | $20\times10^{-4}$ |
| | 1.6 | 18.3 | $14\times10^{-4}$ | $22\times10^{-4}$ |
| | 2.1 | 18.3 | $25\times10^{-4}$ | 0 |
| | 2.6 | 18.4 | $19\times10^{-4}$ | $28\times10^{-4}$ |
| 7.26 | 0.9 | 19.9 | 0 | 0 |
| | 1.2 | 19.5 | 0 | 0 |
| 平均 | 1.6 | 18.8 | $12.5\times10^{-4}$ | $11.7\times10^{-4}$ |

附表 1-16　预热二段排出气体成分（东）

| 时间 | 烟气成分/% | | | |
|---|---|---|---|---|
| | $CO_2$ | $O_2$ | $NO_x$ | $SO_2$ |
| 7.25 | 3.0 | 16.0 | $36\times10^{-4}$ | $80\times10^{-4}$ |
| | 1.8 | 15.3 | $30\times10^{-4}$ | $267\times10^{-4}$ |

续附表 1-16

| 时间 | 烟气成分/% | | | |
|---|---|---|---|---|
| | $CO_2$ | $O_2$ | $NO_x$ | $SO_2$ |
| 7.25 | 1.6 | 16.7 | $38\times10^{-4}$ | $83\times10^{-4}$ |
| | 1.6 | 16.8 | $37\times10^{-4}$ | $77\times10^{-4}$ |
| 7.26 | 2.5 | 18.1 | $26\times10^{-4}$ | $119\times10^{-4}$ |
| 平　均 | 2.1 | 16.58 | $33.4\times10^{-4}$ | $125.2\times10^{-4}$ |

**附表 1-17　预热二段排出气体成分**（西）

| 时间 | 烟气成分/% | | | |
|---|---|---|---|---|
| | $CO_2$ | $O_2$ | $NO_x$ | $SO_2$ |
| 7.25 | 2.6 | 16.9 | $31\times10^{-4}$ | $23.3\times10^{-4}$ |
| | 2.0 | 17.3 | $31\times10^{-4}$ | $22.0\times10^{-4}$ |
| | 1.6 | 14.8 | $59\times10^{-4}$ | 0 |
| | 1.8 | 16.7 | $36\times10^{-4}$ | $3\times10^{-4}$ |
| | 2.0 | 16.7 | $29\times10^{-4}$ | $9.4\times10^{-4}$ |
| 7.26 | 2.4 | 18.2 | $24\times10^{-4}$ | 0 |
| | 2.7 | 17.8 | $29\times10^{-4}$ | $15\times10^{-4}$ |
| | 2.7 | 17.8 | $30\times10^{-4}$ | $47\times10^{-4}$ |
| 平　均 | 2.2 | 17.0 | $33.6\times10^{-4}$ | $15.0\times10^{-4}$ |

**附表 1-18　二冷进入预热一段气体成分**

| 日　期 | 序　号 | 时　间 | 进入预热一段气体成分/% | | | |
|---|---|---|---|---|---|---|
| | | | $O_2$ | $NO_x$ | $SO_2$ | $CO_2$ |
| 7.25 | 1 | 16：00 | 20.4 | 0 | $1\times10^{-4}$ | 0.4 |
| | 2 | 16：15 | 20.3 | 0 | $1\times10^{-4}$ | 0.7 |
| | 3 | 16：30 | 20.1 | 0 | 0 | 0.7 |
| 7.26 | 4 | 9：10 | 20.3 | 0 | $1\times10^{-4}$ | 0.5 |
| | 5 | 9：15 | 20.3 | 0 | 0 | 0.5 |
| | 6 | 9：29 | 20.2 | 0 | $1\times10^{-4}$ | 0.6 |
| 平　均 | | | 20.27 | 0 | $0.67\times10^{-4}$ | 0.57 |

**附表 1-19　进入预热二段气体成分**（机头窑尾）

| 时间 | 烟气成分/% | | | |
|---|---|---|---|---|
| | $CO_2$ | $O_2$ | $NO_x$ | $SO_2$ |
| 7.25 | 4.8 | 14.4 | $60\times10^{-4}$ | 0 |

续附表 1-19

| 时　间 | 烟气成分/% | | | |
|---|---|---|---|---|
| | $CO_2$ | $O_2$ | $NO_x$ | $SO_2$ |
| 7.25 | 6.4 | 14.8 | $76\times10^{-4}$ | 0 |
| | 5.8 | 13.0 | $98\times10^{-4}$ | 0 |
| | 6.2 | 13.3 | $95\times10^{-4}$ | 0 |
| | 6.2 | 16.4 | $56\times10^{-4}$ | 0 |
| | 6.3 | 15.5 | $60\times10^{-4}$ | 0 |
| 7.26 | 4.0 | 16.3 | $60\times10^{-4}$ | 0 |
| 平　均 | 5.7 | 14.8 | $72.1\times10^{-4}$ | 0 |

**附表 1-20　气象状况**

| 气压/hPa | 干球温度/℃ | 相对湿度/% |
|---|---|---|
| 996.3 | 27.0 | 49.5 |
| | 27.1 | 49.3 |
| | 27.3 | 48.6 |
| | 27.2 | 49.0 |
| | 27.3 | 48.7 |
| | 27.1 | 48.8 |
| 995 | 24.7 | 60.3 |
| | 24.8 | 60.2 |
| | 24.7 | 60.8 |
| 997 | 24.1 | 67.9 |
| | 24.2 | 67.4 |
| | 24.2 | 66.9 |
| | 25.3 | 57.3 |
| | 25.2 | 58.6 |
| | 25.0 | 59.1 |
| 997 | 23.8 | 59.8 |
| | 23.7 | 60.0 |
| | 23.7 | 60.3 |
| 1001 | 24.5 | 58.3 |
| | 24.3 | 58.2 |
| | 24.3 | 58.3 |

续附表 1-20

| 气压/hPa | 干球温度/℃ | 相对湿度/% |
|---|---|---|
| 998 | 25.0 | 59.1 |
| | 25.1 | 59.1 |
| | 25.0 | 59.0 |
| 1003 | 26.0 | 60.6 |
| | 25.8 | 60.5 |
| | 25.9 | 60.5 |
| | 24.5 | 61.2 |
| | 24.5 | 61.0 |
| | 24.4 | 61.2 |
| 1004 | 24.5 | 56.2 |
| | 23.1 | 61.4 |
| | 29.8 | 46.8 |
| | 29.9 | 47.4 |
| | 30.0 | 48.5 |
| | 28.4 | 52.5 |
| | 29.0 | 50.8 |
| 998.9 | 25.7 | 57.4 |

**附表 1-21　链箅机冷却水**

| 序　号 | 进水温度/℃ | 出水温度（管壁+5）/℃ | 压力/Pa | 流量/$m^3 \cdot h^{-1}$ |
|---|---|---|---|---|
| 1 | 68 | 75 | 0.592 | 149.58 |
| 2 | 68 | 75 | 0.591 | 149.15 |
| 3 | 68 | 75 | 0.590 | 149.26 |
| 4 | 68 | 76 | 0.590 | 149.39 |
| 5 | 68 | 75 | 0.591 | 148.75 |
| 6 | 69 | 75 | 0.591 | 148.88 |
| 7 | 69 | 75 | 0.591 | 149.16 |
| 8 | 69 | 74 | 0.590 | 148.97 |
| 9 | 69 | 75 | 0.592 | 148.98 |
| 平　均 | 68.4 | 75 | 0.590 | 149.12 |

## 附表 1-22 链算机机体散热（西侧炉墙）

| 炉墙部位 | | 表面温度/℃ | | | | | | | | | |
|---|---|---|---|---|---|---|---|---|---|---|---|
| | | 1 | 2 | 3 | 4 | 5 | 6 | 7 | 8 | 9 | 平均 |
| 西侧炉墙（由机头至机尾） | 预热二 | 113 | 100 | 100 | 122 | 155 | 100 | 117 | 125 | 113 | 115.4 |
| | | 112 | 109 | 117 | 110 | 127 | 121 | 122 | 130 | 135 | |
| | | 106 | 106 | 103 | 116 | 114 | 111 | 126 | 126 | 117 | |
| | | 111 | 105 | 106 | 106 | 116 | 110 | 107 | 124 | 116 | |
| | 预热一 | 80 | 84 | 84 | 94 | 99 | 98 | 95 | 90 | 88 | 104.3 |
| | | 84 | 93 | 88 | 90 | 74 | 96 | 90 | 82 | 98 | |
| | | 155 | 148 | 128 | 128 | 129 | 121 | 132 | 135 | 128 | |
| | 抽风段 | 125 | 134 | 130 | 106 | 121 | 114 | 120 | 125 | 132 | 105.0 |
| | | 103 | 103 | 103 | 103 | 99 | 98 | 100 | 95 | 102 | |
| | | 100 | 89 | 87 | 92 | 96 | 95 | 88 | 91 | 86 | |
| | 鼓风段 | 110 | 100 | 98 | 95 | 90 | 90 | 87 | 95 | 93 | 70.9 |
| | | 71 | 68 | 79 | 63 | 70 | 74 | 75 | 72 | 70 | |
| | | 54 | 62 | 64 | 58 | 60 | 67 | 66 | 58 | 60 | |
| | | 55 | 53 | 54 | 61 | 57 | 60 | 55 | 58 | 52 | |

## 附表 1-23 链算机机体散热（东侧炉墙）

| 炉墙部位 | | 表面温度/℃ | | | | | | | | | |
|---|---|---|---|---|---|---|---|---|---|---|---|
| | | 1 | 2 | 3 | 4 | 5 | 6 | 7 | 8 | 9 | 平均 |
| 东侧炉墙（由机尾至机头） | 鼓风段 | 44 | 43 | 49 | 45 | 47 | 46 | 43 | 45 | 56 | 70.58 |
| | | 48 | 50 | 46 | 60 | 57 | 67 | 57 | 56 | 71 | |
| | | 73 | 79 | 150 | 79 | 166 | 94 | 62 | 74 | 67 | |
| | | 74 | 76 | 69 | 85 | 81 | 83 | 120 | 91 | 88 | |
| | 抽风段 | 95 | 87 | 68 | 157 | 120 | 117 | 330 | 339 | 145 | 142.2 |
| | | 280 | 380 | 187 | 106 | 102 | 120 | 142 | 133 | 173 | |
| | | 82 | 88 | 94 | 64 | 98 | 80 | 85 | 95 | 77 | |
| | 预热一 | 82 | 97 | 93 | 92 | 110 | 95 | 100 | 86 | 93 | 100.41 |
| | | 85 | 102 | 96 | 90 | 113 | 103 | 102 | 105 | 90 | |
| | | 98 | 108 | 107 | 96 | 125 | 112 | 111 | 99 | 121 | |
| | 预热二 | 112 | 104 | 99 | 132 | 113 | 120 | 115 | 120 | 111 | 118.11 |
| | | 94 | 113 | 107 | 110 | 142 | 118 | 120 | 113 | 109 | |
| | | 94 | 93 | 103 | 118 | 97 | 111 | 170 | 130 | 141 | |
| | | 101 | 139 | 128 | 130 | 125 | 132 | 136 | 128 | 124 | |

附表 1-24　链算机机体散热（炉顶）

| 炉墙部位 | | 表面温度/℃ | | | | | | | |
|---|---|---|---|---|---|---|---|---|---|
| | | 1 | 2 | 3 | 4 | 5 | 6 | 7 | 平均 |
| 炉顶（由机头至机尾） | 预热二 | 138 | 135 | 143 | 142 | 132 | 141 | 143 | 136 |
| | | 136 | 137 | 132 | 122 | 156 | 173 | 131 | |
| | | 120 | 130 | 135 | 136 | 132 | 115 | 127 | |
| | 预热一 | 125 | 132 | 131 | 141 | 135 | 135 | 132 | 124 |
| | | 133 | 127 | 143 | 117 | 130 | 132 | 120 | |
| | | 98 | 120 | 107 | 110 | 120 | 111 | 110 | |
| | 抽风段 | 92 | 93 | 78 | 79 | 80 | 95 | 86 | 82.5 |
| | | 80 | 76 | 75 | 82 | 79 | 73 | 78 | |
| | | 84 | 85 | 83 | 80 | 88 | 83 | 84 | |
| | 鼓风段 | 67 | 66 | 69 | 63 | 71 | 67 | 67 | 65.2 |
| | | 74 | 71 | 57 | 56 | 59 | 65 | 64 | |
| | | 66 | 62 | 69 | 64 | 67 | 60 | 65 | |

附表 1-25　链算机炉体散热（炉底风箱温度）

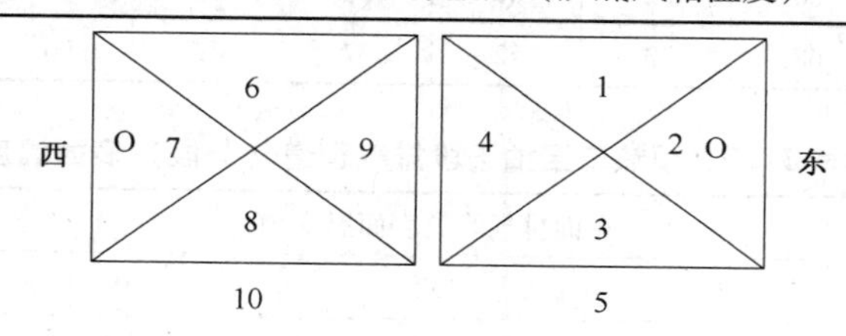


| 方位 | | 平均温度/℃ | 测点/℃ | | | | | | | | | |
|---|---|---|---|---|---|---|---|---|---|---|---|---|
| | | | 1 | 2 | 3 | 4 | 5 | 6 | 7 | 8 | 9 | 10 |
| 由北至南 | 鼓风段 | 172.4 | 171 | 148 | 211 | 196 | 217 | 169 | 162 | 166 | 208 | 182 |
| | | | 209 | 181 | 205 | 196 | 209 | 193 | 153 | 211 | 191 | 197 |
| | | | 167 | 98 | 182 | 192 | 125 | 189 | 175 | 191 | 190 | 198 |
| | | | 139 | 49 | 131 | 184 | 134 | 176 | 160 | 175 | 154 | 166 |
| | 抽风段 | 140.0 | 128 | 55 | 136 | 155 | 120 | 154 | 149 | 148 | 156 | 132 |
| | | | 155 | 61 | 164 | 149 | 124 | 128 | 88 | 126 | 160 | 127 |
| | | | 158 | 95 | 167 | 161 | 144 | 151 | 111 | 166 | 170 | 138 |
| | | | 174 | 52 | 184 | 175 | 154 | 154 | 110 | 181 | 178 | 149 |
| | 预热一 | 180.8 | 186 | 97 | 169 | 194 | 172 | 167 | 120 | 186 | 185 | 169 |
| | | | 190 | 109 | 198 | 195 | 185 | 181 | 131 | 188 | 196 | 174 |

续附表 1-25

| 方位 | | 平均温度/℃ | 测点/℃ | | | | | | | | | |
|---|---|---|---|---|---|---|---|---|---|---|---|---|
| | | | 1 | 2 | 3 | 4 | 5 | 6 | 7 | 8 | 9 | 10 |
| 由北至南 | 预热一 | 180.8 | 228 | 103 | 209 | 210 | 185 | 187 | 132 | 192 | 220 | 179 |
| | | | 250 | 115 | 195 | 225 | 239 | 191 | 147 | 204 | 228 | 166 |
| | 预热二 | 258.6 | 282 | 141 | 277 | 260 | 233 | 162 | 143 | 211 | 289 | 219 |
| | | | 269 | 107 | 333 | 367 | 271 | 257 | 154 | 300 | 293 | 234 |
| | | | 280 | 134 | 287 | 314 | 255 | 282 | 165 | 251 | 288 | 262 |
| | | | 342 | 154 | 326 | 312 | 294 | 246 | 140 | 281 | 320 | 280 |
| | | | 251 | 185 | 301 | 292 | 287 | 308 | 191 | 295 | 297 | 291 |
| | | | 309 | 110 | 298 | 374 | 274 | 281 | 188 | 283 | 305 | 266 |
| | | | 274 | 156 | 300 | 322 | 323 | 254 | 196 | 286 | 285 | 306 |

## 附表 1-26 链算机体散热（端墙）

| 炉墙部位 | | 表面温度/℃ | | | | | | | | 平均/℃ |
|---|---|---|---|---|---|---|---|---|---|---|
| | | 1 | 2 | 3 | 4 | 5 | 6 | 7 | 8 | |
| 后端墙 | 1 | 69 | 60 | 62 | 61 | 96 | 72 | 69 | 72 | 70.1 |
| | 2 | 70 | 68 | 73 | 72 | 67 | 69 | 70 | 71 | |

## 附表 1-27 预热二至抽干段排气管道（分段）表面温度

| 部位 | 东面排气管道表面温度/℃ | | | 平均/℃ |
|---|---|---|---|---|
| 链算机二层平台<br>↓<br>多管除尘器 | 77 | 92 | 90 | 129.9 |
| | 71 | 86 | 113 | |
| | 80 | 102 | 114 | |
| | 256 | 269 | 252 | |
| | 121 | 80 | 100 | |
| | 104 | 131 | 110 | |
| | 214 | 131 | 238 | |
| | 98 | 111 | 114 | |
| | 117 | 116 | 121 | |
| 多管除尘器<br>↓<br>风机 | 121 | 120 | 116 | 116.3 |
| | 107 | 134 | 141 | |
| | 87 | 159 | 121 | |
| | 107 | 265 | 270 | |
| | 85 | 247 | 68 | |

续附表 1-27

| 部　位 | 东面排气管道表面温度/℃ | | | 平均/℃ |
|---|---|---|---|---|
| 多管除尘器→风机 | 189 | 63 | 72 | 116.3 |
| | 72 | 63 | 66 | |
| | 119 | 100 | 64 | |
| | 51 | 113 | 77 | |
| | 124 | 74 | 93 | |
| 风机→抽干入口 | 212 | 90 | 91 | 130.5 |
| | 194 | 51 | 39 | |
| | 68 | 89 | 232 | |
| | 129 | 194 | 55 | |
| | 236 | 53 | 224 | |
| 抽干入口圆管 | 63 | 58 | 55 | 67.7 |
| | 84 | 109 | 64 | |
| | 55 | 74 | 58 | |
| | 69 | 49 | 74 | |
| 抽干入口四个方管 | 63 | 63 | 56 | 87.1 |
| | 154 | 109 | 82 | |
| | 139 | 94 | 87 | |
| | 59 | 76 | 63 | |
| 总平均 | 106.3 | | | |
| 部　位 | 西面排气管道表面温度/℃ | | | 平均/℃ |
| 链算机二层平台→多管除尘器 | 229 | 256 | 218 | 153.0 |
| | 207 | 245 | 220 | |
| | 79 | 78 | 75 | |
| | 79 | 86 | 204 | |
| | 220 | 186 | 205 | |
| | 96 | 93 | 115 | |
| | 209 | 80 | 79 | |
| | 237 | 96 | 80 | |
| 多管除尘器→风机 | 63 | 79 | 95 | 99.3 |
| | 49 | 62 | 63 | |
| | 57 | 61 | 58 | |
| | 55 | 84 | 90 | |

续附表 1-27

| 部 位 | 西面排气管道表面温度/℃ | | | 平均/℃ |
|---|---|---|---|---|
| 多管除尘器→风机 | 91 | 67 | 62 | 99.3 |
| | 72 | 185 | 245 | |
| | 146 | 168 | 56 | |
| | 46 | 47 | 55 | |
| | 39 | 54 | 44 | |
| | 60 | 60 | 62 | |
| | 53 | 157 | 69 | |
| | 237 | 240 | 217 | |
| | 80 | 208 | 237 | |
| 风机→抽干入口 | 187 | 222 | 199 | 182.0 |
| | 67 | 242 | 57 | |
| | 220 | 224 | 227 | |
| | 220 | 132 | 187 | |
| 抽干入口圆管 | 81 | 87 | 123 | 132.3 |
| | 234 | 211 | 228 | |
| | 117 | 101 | 120 | |
| | 103 | 98 | 85 | |
| 抽干入口四个方管 | 129 | 212 | 245 | 122.8 |
| | 109 | 98 | 95 | |
| | 89 | 93 | 83 | |
| | 75 | 124 | 122 | |
| 总平均 | 137.9 | | | |

**附表 1-28 链算机料层温度分布**

| 时间/s | 温度 1/℃（距算板 180mm） | 温度 2/℃（距算板 120mm） | 温度 3/℃（距算板 70mm） | 温度 4/℃（距算板 0mm） |
|---|---|---|---|---|
| 0 | 35 | 28 | 20 | 28 |
| 20 | 31 | 18 | 18 | 22 |
| 40 | 30 | 17 | 22 | 26 |
| 60 | 29 | 20 | 24 | 31 |
| 80 | 30 | 23 | 28 | 35 |
| 100 | 28 | 26 | 30 | 38 |
| 120 | 29 | 29 | 33 | 37 |

续附表 1-28

| 时间/s | 温度 1/℃（距箅板 180mm） | 温度 2/℃（距箅板 120mm） | 温度 3/℃（距箅板 70mm） | 温度 4/℃（距箅板 0mm） |
|---|---|---|---|---|
| 140 | 30 | 32 | 35 | 39 |
| 160 | 30 | 33 | 35 | 39 |
| 180 | 81 | 47 | 37 | 39 |
| 200 | 129 | 76 | 41 | 43 |
| 220 | 163 | 100 | 46 | 45 |
| 240 | 188 | 126 | 46 | 46 |
| 260 | 209 | 146 | 47 | 49 |
| 280 | 232 | 154 | 49 | 51 |
| 300 | 249 | 164 | 51 | 52 |
| 320 | 248 | 182 | 51 | 54 |
| 340 | 250 | 193 | 54 | 55 |
| 360 | 251 | 208 | 58 | 58 |
| 380 | 255 | 218 | 65 | 61 |
| 400 | 256 | 228 | 72 | 65 |
| 420 | 258 | 236 | 83 | 70 |
| 440 | 259 | 244 | 92 | 77 |
| 460 | 261 | 249 | 102 | 84 |
| 480 | 263 | 254 | 113 | 91 |
| 500 | 299 | 310 | 125 | 98 |
| 520 | 371 | 379 | 150 | 115 |
| 540 | 397 | 393 | 174 | 130 |
| 560 | 425 | 415 | 204 | 145 |
| 580 | 480 | 475 | 238 | 165 |
| 600 | 540 | 534 | 277 | 188 |
| 620 | 584 | 570 | 320 | 215 |
| 640 | 609 | 598 | 355 | 238 |
| 660 | 629 | 629 | 392 | 266 |
| 680 | 653 | 650 | 428 | 301 |
| 700 | 692 | 684 | 464 | 334 |
| 720 | 755 | 741 | 496 | 362 |
| 740 | 844 | 828 | 532 | 397 |
| 760 | 921 | 902 | 613 | 468 |

续附表 1-28

| 时间/s | 温度 1/℃（距算板 180mm） | 温度 2/℃（距算板 120mm） | 温度 3/℃（距算板 70mm） | 温度 4/℃（距算板 0mm） |
| --- | --- | --- | --- | --- |
| 780 | 938 | 935 | 665 | 496 |
| 800 | 950 | 954 | 713 | 525 |
| 820 | 956 | 963 | 765 | 550 |
| 840 | 968 | 976 | 808 | 577 |
| 860 | 977 | 989 | 842 | 603 |
| 880 | 978 | 999 | 893 | 629 |
| 900 | 980 | 1004 | 926 | 658 |
| 920 | 984 | 1007 | 948 | 673 |
| 940 | 979 | 998 | 964 | 713 |
| 960 | 968 | 986 | 992 | 732 |
| 980 | 958 | 983 | 1015 | 755 |
| 1000 | 958 | 979 | 1035 | 774 |
| 1020 | 963 | 989 | 1052 | 780 |
| 1040 | 961 | 985 | 1050 | 801 |
| 1060 | 963 | 987 | 1058 | 806 |
| 1080 | 981 | 999 | 1075 | 839 |
| 1100 | 992 | 1012 | 1080 | 861 |

**附表 1-29 预热一段烟气流量及温度**

| 温度/℃ | 动压/hPa | | 静压/hPa | 流速/$m \cdot s^{-1}$ | 流量/$m^3 \cdot h^{-1}$ |
| --- | --- | --- | --- | --- | --- |
| 823 | 1.3 | 1.4 | 10 | 5.44 | 138514 |

**附表 1-30 补测数据推导**

| 序号 | 项 目 | 时 间 | |
| --- | --- | --- | --- |
| | | 7.24 ~ 7.28 | 10.28 ~ 10.29 |
| 1 | 环冷机一冷段排气温度/℃ | 1095.9① | 1091.8 |
| | 环冷机四个烟罩平均温度/℃ | 569.17 | 565.03 |
| 2 | 进入链算机预热一段气体温度/℃ | 729.2① | 823 |
| | 预热一烟罩温度（西 8）/℃ | 685.0 | 778.8 |
| 3 | 回转窑出球温度/℃ | 1149.3① | 1163.3 |
| | 控制室回转窑窑头温度/℃ | 1016 | 1030 |

①为推导数据。

**附表 2-1　回转窑窑头风机**

| 日期 | 时间 | 外侧风口 1 温度/℃ | | | | | |
|---|---|---|---|---|---|---|---|
| | | 1 | 2 | 3 | 4 | 5 | 平均 |
| 7.24 | 9：30 | 33.6 | 33.5 | 33.4 | 33.7 | 33.6 | 33.6 |
| | 10：30 | 34.4 | 33.6 | 33.7 | 33.7 | 33.3 | 33.7 |

| 日期 | 时间 | 压差/Pa | | | | | | | | |
|---|---|---|---|---|---|---|---|---|---|---|
| | | 1 | 2 | 3 | 4 | 5 | 6 | 7 | 8 | 平均 |
| 7.24 | 15：20 | 469 | 490 | 485 | 491 | 525 | 152 | 142 | 124 | 359.8 |
| | 15：40 | 540 | 514 | 501 | 456 | 153 | 161 | 154 | 123 | 325.3 |

| 日期 | 时间 | 外侧风口 2 温度/℃ | | | | | |
|---|---|---|---|---|---|---|---|
| | | 1 | 2 | 3 | 4 | 5 | 平均 |
| 7.24 | 9：30 | 34.1 | 33.9 | 34.2 | 34.1 | 33.9 | 34.0 |
| | 10：30 | 34.2 | 34.6 | 33.9 | 34.1 | 34.1 | 34.2 |

| 日期 | 时间 | 压差/Pa | | | | | | | | |
|---|---|---|---|---|---|---|---|---|---|---|
| | | 1 | 2 | 3 | 4 | 5 | 6 | 7 | 8 | 平均 |
| 7.24 | 15：20 | 202 | 173 | 156 | 168 | 159 | 176 | 72.5 | 12.3 | 139.9 |
| | 15：40 | 203 | 210 | 171 | 95 | 72.5 | 165 | 41.3 | 50.4 | 126.0 |

| 日期 | 时间 | 内侧风口 1 温度/℃ | | | | | |
|---|---|---|---|---|---|---|---|
| | | 1 | 2 | 3 | 4 | 5 | 平均 |
| 7.24 | 9：30 | 35.9 | 35.7 | 35.4 | 35.7 | 35.7 | 35.7 |
| | 10：30 | 37.7 | 37.0 | 36.9 | 36.6 | 36.5 | 36.9 |

| 日期 | 时间 | 压差/Pa | | | | | | | | |
|---|---|---|---|---|---|---|---|---|---|---|
| | | 1 | 2 | 3 | 4 | 5 | 6 | 7 | 8 | 平均 |
| 7.24 | 15：20 | 163 | 175 | 183 | 184 | 147 | 116 | 173 | 176 | 164.6 |
| | 15：40 | 162 | 170 | 175 | 168 | 180 | 182 | 177 | 180 | 174.2 |

续附表 2-1

| 日期 | 时间 | 内侧风口 2 温度/℃ | | | | | |
|---|---|---|---|---|---|---|---|
| | | 1 | 2 | 3 | 4 | 5 | 平均 |
| 7.24 | 9：30 | 37.7 | 37.0 | 36.9 | 36.6 | 36.5 | 36.9 |
| | 10：30 | 37.2 | 37.6 | 37.2 | 37.1 | 36.6 | 37.1 |

| 日期 | 时间 | 压差/Pa | | | | | | | | |
|---|---|---|---|---|---|---|---|---|---|---|
| | | 1 | 2 | 3 | 4 | 5 | 6 | 7 | 8 | 平均 |
| 7.24 | 15：20 | 400 | 420 | 430 | 431 | 315 | 187 | 170 | 168 | 315.1 |
| | 15：40 | 414 | 362 | 410 | 384 | 307 | 154 | 152 | 147 | 291.2 |

## 附表 2-2 回转窑窑尾风机

| 日期 | 时间 | 窑尾风机风口 1 温度/℃ | | | | | |
|---|---|---|---|---|---|---|---|
| | | 1 | 2 | 3 | 4 | 5 | 平均 |
| 7.24 | 9：40 | 30.2 | 30.4 | 30.6 | 30.5 | 30.3 | 30.4 |
| | 10：40 | 31.0 | 31.0 | 30.9 | 31.0 | 31.1 | 31.0 |

| 日期 | 时间 | 压差/Pa | | | | | | | | |
|---|---|---|---|---|---|---|---|---|---|---|
| | | 1 | 2 | 3 | 4 | 5 | 6 | 7 | 8 | 平均 |
| 7.24 | 15：00 | 198 | 247 | 257 | 237 | 202 | 168 | 121 | 152 | 197.8 |
| | 15：10 | 273 | 246 | 184 | 178 | 176 | 127 | 133 | 146 | 182.9 |

| 日期 | 时间 | 窑尾风机风口 2 温度/℃ | | | | | |
|---|---|---|---|---|---|---|---|
| | | 1 | 2 | 3 | 4 | 5 | 平均 |
| 7.24 | 9：40 | 30.5 | 30.87 | 30.7 | 30.6 | 30.6 | 30.7 |
| | 10：40 | 31.0 | 31.0 | 31.9 | 31.1 | 31.0 | 31.2 |

| 日期 | 时间 | 压差/Pa | | | | | | | | |
|---|---|---|---|---|---|---|---|---|---|---|
| | | 1 | 2 | 3 | 4 | 5 | 6 | 7 | 8 | 平均 |
| 7.24 | 15：00 | 156 | 193 | 154 | 110 | 120 | 121 | 158 | 86 | 137.3 |
| | 15：10 | 170 | 156 | 129 | 70.6 | 86.5 | 132 | 70.6 | 62 | 109.6 |

附表 2-3-1　煤耗

| 日　期 | 时　间 | 1 号煤仓煤量/t | 煤的消耗量/t · $h^{-1}$ |
|---|---|---|---|
| 7. 24 | 8：00 | 25. 49 | |
| | 10：00 | 21. 09 | 4. 40 |
| | 11：00 | 17. 03 | 4. 06 |
| | 12：00 | 12. 73 | 4. 30 |
| 7. 25 | 8：00 | 29. 8 | |
| | 9：00 | 25. 65 | 4. 15 |
| | 10：00 | 20. 90 | 4. 72 |
| | 14：00 | 16. 50 | 4. 40 |
| | 15：00 | 12. 50 | 4. 00 |
| 7. 26 | 8：00 | 29. 00 | |
| | 9：00 | 25. 10 | 3. 90 |
| | 10：00 | 21. 10 | 4. 00 |
| | 11：00 | 16. 40 | 4. 50 |
| 平　均 | | 21. 02 | 4. 26 |

附表 2-3-2　煤粉指标

| 日期 | 时间 | AD（干基挥发分）/% | VD（挥发分）/% | FCD（固定碳）/% | VDAF（无灰基挥发分）/% | 热值/MJ · $kg^{-1}$ |
|---|---|---|---|---|---|---|
| 7. 26 | 15：00 | 12. 84 | 13. 36 | 71. 3 | 15. 33 | 26. 189 |

附表 2-4-1　回转窑炉体散热

| 炉墙部位 | 表面温度/℃ | | | | | | 平均/℃ |
|---|---|---|---|---|---|---|---|
| | 1 | 2 | 3 | 4 | 5 | 6 | |
| 炉　身（由窑尾到窑头） | 239 | 240. 7 | 244 | 242 | 244 | 240 | 241. 6 |
| | 246 | 247 | 251 | 250 | 247 | 252 | 248. 8 |
| | 255 | 257 | 257 | 260 | 257 | 259 | 257. 5 |
| | 271 | 260 | 266 | 260 | 260 | 259 | 262. 7 |
| | 271 | 260 | 266 | 260 | 260 | 259 | 262. 7 |
| | 289 | 293 | 280 | 285 | 293 | 299 | 289. 8 |
| | 293 | 289 | 293 | 297 | 290 | 285 | 291. 2 |
| | 272 | 284 | 277 | 273 | 272 | 279 | 276. 2 |
| | 280 | 287 | 277 | 276 | 285 | 277 | 280. 3 |
| | 277 | 278 | 273 | 276 | 273 | 274 | 275. 2 |
| | 272 | 272 | 264 | 267 | 268 | 268 | 268. 5 |
| | 266 | 268 | 267 | 269 | 260 | 267 | 266. 2 |

注：每隔 3m 取一个截面，每个截面测 6 个点。

附表 2-4-2　回转窑炉体散热

| 炉墙部位 | | 表面温度/℃ | | | | | | | 平均/℃ |
|---|---|---|---|---|---|---|---|---|---|
| | | 1 | 2 | 3 | 4 | 5 | 6 | 7 | |
| 窑尾 | 1 | 153 | 147 | 133 | 165 | 125 | 150 | 113 | 140.9 |
| | 2 | 148 | 150 | 141 | 159 | 200 | 145 | 126 | 152.7 |
| | 3 | 106 | 155 | 120 | 130 | 115 | 107 | 78 | 115.9 |

注：窑尾至托圈一取 3 个截面，每个截面测 7 个点。

附表 2-4-3　回转窑炉体散热

| 炉墙部位 | 表面温度/℃ | | | | 平均/℃ |
|---|---|---|---|---|---|
| | 1 | 2 | 3 | 4 | |
| 窑头 | 236 | 275 | 286 | 313 | 277.5 |

注：窑头至托圈二取 1 个截面，测 4 个点。

附表 2-5　罗茨风机

| 日期 | 时间 | 风量/$m^3 \cdot h^{-1}$ | 压力/$mmH_2O$ | 小时煤量/$t \cdot h^{-1}$ | 叶轮转速/$r \cdot min^{-1}$ |
|---|---|---|---|---|---|
| 7.24 | 8：00 | | | 4.5 | 16 |
| | 11：00 | | 39410 | 4.7 | 18.8 |
| | 14：00 | | 40683 | 4.2 | 17 |
| | 17：00 | | 40755 | 4.4 | 21.96 |
| 平均 | | | 40282.7 | 4.5 | 18.4 |
| 7.25 | 8：00 | 2728 | 34361 | | |
| | 9：00 | 2627 | 35865 | | |
| | 10：00 | 2710 | 34852 | 4.6 | 16 |
| | 11：00 | 3041 | 28807 | 3.6 | 0 |
| | 14：00 | 2482 | 40307 | | |
| | 15：00 | 2730 | 34230 | | |
| | 16：00 | | 27228 | 3.8 | 0 |
| 平均 | | 2719.7 | 34737 | 3.8 | 14.2 |
| 7.26 | 8：00 | | | 3.5 | 13.8 |
| | 11：00 | | 34185 | 4 | 18.8 |
| | 14：00 | | 32639 | 4 | 12.3 |
| | 17：00 | | 34059 | 3.6 | 19.4 |
| 平均 | | | 33627.7 | 3.8 | 16.1 |

续附表 2-5

| 日期 | 时间 | 风量/$m^3 \cdot h^{-1}$ | 压力/$mmH_2O$ | 小时煤量/$t \cdot h^{-1}$ | 叶轮转速/$r \cdot min^{-1}$ |
|---|---|---|---|---|---|
| 7.27 | 8：00 | | | 4.8 | 23.8 |
| | 11：00 | | 33044 | 4.5 | 13.7 |
| | 14：00 | | 33420 | 4.1 | 19.4 |
| | 17：00 | | 33724 | 3.9 | 15.6 |
| 平均 | | | 33396 | 4.3 | 18.1 |

注：$1mmH_2O = 9.8Pa$。

**附表 2-6　入窑料球温度**

| 测试次数 | 1 | 2 | 3 | 4 |
|---|---|---|---|---|
| 温度/℃ | 992 | 1012 | 1080 | 861 |
| 平均/℃ | 954 | | | |

**附表 2-7　窑头出料温度**

| 温度/℃ | 1198 | 1134 |
|---|---|---|
| | 1156 | 1165 |
| 平均/℃ | 1163.3 | |

**附表 2-8　窑尾烟气成分、温度**

| 时　间 | 烟气成分/% | | 温度/℃ |
|---|---|---|---|
| | $CO_2$ | $O_2$ | 1178 |
| 7.25 | 4.8 | 14.4 | 1093 |
| | 6.4 | 14.8 | 1101 |
| | 5.8 | 13 | 1106 |
| | 6.2 | 13.3 | 1073 |
| | 6.2 | 16.4 | 1086 |
| | 6.3 | 15.5 | 1089 |
| 7.26 | 4.0 | 16.3 | 1100 |
| 平　均 | 5.7 | 14.8 | 1103 |

附表 2-9　二次风成分

| 序号 | 日期 | 时间 | 环冷一段排出气体成分/% | | |
|---|---|---|---|---|---|
| | | | $O_2$ | $NO_x$ | $SO_2$ |
| 1 | 7.25 | 9：33 | 20.3 | 0 | 0 |
| 2 | | 9：38 | 19.9 | 0 | 0 |
| 3 | | 11：25 | 20.6 | 0 | 0 |
| 4 | | 11：30 | 20.7 | 0 | 0 |
| 5 | | 13：25 | 19.6 | 0 | 0 |
| 6 | | 13：30 | 19.4 | 0 | 0 |
| 7 | 7.26 | 8：35 | 19.8 | 0 | 0 |
| 8 | | 8：40 | 19.7 | 0 | 0 |
| 9 | | 9：00 | 19.5 | 0 | 0 |
| 平均 | | | 19.94 | 0 | 0 |

附表 2-10　助燃风

| 时间 | 压力/Pa | 压差/Pa | | | | | |
|---|---|---|---|---|---|---|---|
| | | 1 | 2 | 3 | 4 | 5 | 6 |
| 7.26 | 18950 | 194 | 188 | 193 | 188 | 220 | 159 |
| | 18870 | 182 | 212 | 204 | 196 | 190 | 153 |
| | 18880 | 199 | 208 | 206 | 171 | 203 | 144 |
| | 18910 | 174 | 214 | 187 | 174 | 191 | 142 |
| | 18970 | 181 | 227 | 174 | 193 | 228 | 147 |
| | 18900 | 189 | 195 | 180 | 180 | 175 | 172 |
| | 18950 | 183 | 204 | 199 | 200 | 189 | 181 |
| | 21020 | 203 | 155 | 157 | 176 | 160 | 186 |
| 助燃风 | 压力/Pa | | 流量/$m^3 \cdot h^{-1}$（标态） | | | 压差/Pa | |
| 平　均 | 19181.2 | | 4922 | | | 186.0 | |

附表 2-11　总系统的物料量

| 项　目 | 公　式 | 数值/$t \cdot h^{-1}$ |
|---|---|---|
| 进链箅机球团矿量 $G_1$ | $G_1 = G_0 - G_{湿返}$ | 309.03 |
| 出链箅机球团矿量 $G_1'$ | $G_1' = G_1 - G_{干返} + G_{链氧}$ | 272.29 |
| 进回转窑球团矿量 $G_2$ | $G_2 = G_1'$ | 272.29 |
| 出回转窑球团矿量 $G_2'$ | $G_2' = G_2 + G_{窑氧}$ | 273.34 |
| 进环冷机球团矿量 $G_3$ | $G_3 = G_2'$ | 273.34 |
| 出环冷机球团矿量 $G_3'$ | $G_3' = G_3 + G_{环氧}$ | 274.24 |

附表 2-12 二次风温度

| 环冷一段排气温度/℃ | 1088 | 1088 | 1085 |
|---|---|---|---|
| | 1083 | 1103 | 1104 |
| 平均/℃ | 1091.8 | | |
| 整理/℃ | 1095.9 | | |

附表 2-13 总系统进出料成分 (%)

| 成 分 | TFe | FeO | $Fe_2O_3$ | $SiO_2$ | $H_2O$ | CaO | 总计 |
|---|---|---|---|---|---|---|---|
| 链箅机入料 | 66.79 | 27.10 | 65.30 | 4.65 | 0.00 | 0.00 | 97.05 |
| 含水分 | | | | | 9.30 | | |
| 干返料（按出料成分） | 65.91 | 6.80 | 86.60 | 4.74 | 0.00 | 0.17 | 98.31 |
| 链箅机出料 | 65.91 | 6.80 | 86.60 | 4.74 | 0.00 | 0.17 | 98.31 |
| 回转窑入料 | 65.91 | 6.80 | 86.60 | 4.74 | 0.00 | 0.17 | 98.31 |
| 回转窑出料 | 65.65 | 3.30 | 90.12 | 4.72 | 0.00 | 0.17 | 98.31 |
| 环冷机入料 | 65.65 | 3.30 | 90.12 | 4.72 | 0.00 | 0.17 | 98.31 |
| 环冷机出料 | 65.43 | 0.34 | 93.09 | 4.70 | 0.00 | 0.17 | 98.30 |

附表 3-1 环冷机进料温度

| 时 间 | | 进 料 | | |
|---|---|---|---|---|
| | | 温度/℃ | | 平均/℃ |
| 7.25 | 9：20 | 1062 | 1087 | 1068 |
| | | 1087 | 1086 | |
| | | 1057 | 1029 | |
| | 10：20 | 1048 | 1165 | 1169.0 |
| | | 1183 | 1140 | |
| | | 1159 | 1128 | |
| | 11：20 | 1165 | 1170 | 1171.7 |
| | | 1180 | 1170 | |
| | | 1165 | 1180 | |
| | 13：00 | 1130 | 1134 | 1159.0 |
| | | 1172 | 1164 | |
| | | 1147 | 1150 | |

续附表 3-1

| 时间 | | 进料 | | |
|---|---|---|---|---|
| | | 温度/℃ | | 平均/℃ |
| 7.26 | 8：20 | 1026 | 1075 | 1040.7 |
| | | 995 | 1065 | |
| | | 1055 | 1028 | |
| | 9：00 | 1051 | 1043 | 1036.8 |
| | | 999 | 1023 | |
| | | 1059 | 1046 | |
| | 9：50 | 1075 | 1044 | 1050.3 |
| | | 1051 | 1069 | |
| | | 1027 | 1036 | |
| 总平均 | | 1099.3 | | |

**附表 3-2　进料成分**

| 时间 | | 进料成分/% | | | | | | | | | |
|---|---|---|---|---|---|---|---|---|---|---|---|
| | | TFe | FeO | $FeS_2$ | $Al_2O_3$ | $SiO_2$ | CaO | MgO | S | P | 抗压强度/N·个$^{-1}$ |
| 7.25 | 8：00 | | 3.27 | | | | | | | | 488 |
| | 11：00 | | 1.87 | | | | | | | | 1029 |
| | 14：00 | | 3.52 | | | | | | | | 1195 |
| | 17：00 | | 1.65 | | | | | | | | 1290 |
| 7.26 | 8：00 | | 3.59 | | | | | | | | 1082 |
| | 11：00 | | 2.8 | | | | | | | | 1132 |
| | 14：00 | | 6.47 | | | | | | | | 1466 |
| | 17：00 | | 3.23 | | | | | | | | 1781 |
| 平均 | | | 3.3 | | | | | | | | 1183 |

**附表 3-3　环冷机出料温度**

| 时间 | | 温度/℃ | | 平均/℃ |
|---|---|---|---|---|
| 7.25 | 9：20 | 28.6 | 26.1 | 29.3 |
| | | 28.8 | 31.3 | |
| | | 33.8 | 27.0 | |
| | 10：20 | 31.5 | 31.4 | 29.2 |
| | | 29.9 | 28.7 | |
| | | 26.6 | 27.3 | |

续附表 3-3

| 时　间 | | 温度/℃ | | 平均/℃ |
|---|---|---|---|---|
| 7.25 | 11：20 | 29.7 | 23.6 | 28.8 |
| | | 28.8 | 31.7 | |
| | | 31.4 | 27.5 | |
| | 13：00 | 36.5 | 36.8 | 33.4 |
| | | 33.9 | 30.4 | |
| | | 35.2 | 27.8 | |
| 7.26 | 8：20 | 31.5 | 32.8 | 32.7 |
| | | 33.4 | 29.9 | |
| | | 33.0 | 35.7 | |
| | 9：00 | 32.0 | 34.0 | 32.1 |
| | | 33.1 | 32.5 | |
| | | 29.7 | 31.0 | |
| | 9：50 | 29.9 | 36.0 | 32.5 |
| | | 30.9 | 36.4 | |
| | | 30.5 | 31.2 | |
| 平　均 | | 31.1 | | |

**附表 3-4-1　出料球团成分**

| 日期＼成分 | 氧化钙 | 水分 | 铁 | 亚铁 | 硅 | 总计 |
|---|---|---|---|---|---|---|
| 7.25 | 0.15 | | 65.42 | 0.18 | 4.8 | 70.55 |
| 7.26 | 0.18 | | 65.44 | 0.5 | 4.6 | 70.72 |
| 平均 | 0.165 | | 65.43 | 0.34 | 4.7 | 70.64 |

**附表 3-4-2　出料球团指标**

| 日期＼指标 | 抗压 | <5 | 5～10 | 10～16 | >16 | 转鼓 |
|---|---|---|---|---|---|---|
| 7.25 | 2211 | 0.2 | 5.6 | 83.8 | 10.4 | 91.33 |
| 7.26 | 2433 | 0.7 | 12.0 | 81.3 | 6.0 | 95.33 |
| 平均 | 2322 | 0.45 | 8.8 | 82.55 | 8.2 | 93.33 |

附表 3-5-1 环冷一段排出气体（二次风）成分

| 时间 | | 环冷一段排出气体成分/% | | |
|---|---|---|---|---|
| | | $O_2$ | $NO_x$ | $SO_2$ |
| 7.25 | 9：33 | 20.3 | 0 | 0 |
| | 9：38 | 19.9 | 0 | 0 |
| | 11：25 | 20.6 | 0 | 0 |
| | 11：30 | 20.7 | 0 | 0 |
| | 13：25 | 19.6 | 0 | 0 |
| | 13：30 | 19.4 | 0 | 0 |
| 7.26 | 8：35 | 19.8 | 0 | 0 |
| | 8：40 | 19.7 | 0 | 0 |
| | 9：00 | 19.5 | 0 | 0 |
| 平均 | | 19.94 | 0 | 0 |

附表 3-5-2 环冷二段排出气体成分

| 时间 | | 环冷二段排出气体成分/% | | |
|---|---|---|---|---|
| | | $O_2$ | $NO_x$ | $SO_2$ |
| 7.25 | 16：00 | 20.4 | 0 | $1\times10^{-4}$ |
| | 16：15 | 20.3 | 0 | $1\times10^{-4}$ |
| | 16：30 | 20.1 | 0 | 0 |
| 7.26 | 9：10 | 20.3 | 0 | $1\times10^{-4}$ |
| | 9：15 | 20.3 | 0 | 0 |
| | 9：29 | 20.2 | 0 | $1\times10^{-4}$ |
| 平均 | | 20.27 | 0 | $0.67\times10^{-4}$ |

附表 3-6-1 环冷机顶部温度

| 位置 | 钢结构区域 | 顶部温度/℃ | | | | | | | | | 平均/℃ |
|---|---|---|---|---|---|---|---|---|---|---|---|
| | | 1 | 2 | 3 | 4 | 5 | 6 | 7 | 8 | 9 | |
| 环冷一段 | 1-2 | 164 | 170 | 165 | 169 | 192 | 212 | 157 | 168 | 182 | 175.44 |
| | 2-3 | 113 | 120 | 130 | 207 | 263 | 565 | 149 | 132 | 117 | 153.88 |
| | 3-4 | 176 | 181 | 268 | 265 | 269 | 314 | 309 | 291 | 283 | 261.78 |
| 环冷二段 | 4-5 | 142 | 139 | 135 | 134 | 143 | 147 | 148 | 146 | 140 | 141.56 |
| | 5-6 | 132 | 157 | 139 | 140 | 125 | 112 | 149 | 143 | 142 | 137.67 |
| | 6-7 | 138 | 134 | 136 | 129 | 130 | 102 | 135 | 149 | 154 | 134.11 |
| | 7-8 | 123 | 119 | 106 | 100 | 99 | 101 | 124 | 132 | 143 | 116.33 |
| | 8-9 | 120 | 99 | 98 | 95 | 94 | 90 | 95 | 111 | 115 | 101.89 |

续附表 3-6-1

| 位置 | 钢结构区域 | 顶部温度/℃ | | | | | | | | | 平均/℃ |
|---|---|---|---|---|---|---|---|---|---|---|---|
| | | 1 | 2 | 3 | 4 | 5 | 6 | 7 | 8 | 9 | |
| 环冷三段和环冷四段 | 9-10 | 25 | 24 | 24 | 26 | 25 | 24 | 22 | 23 | 23 | 24.00 |
| | 10-11 | 58 | 57 | 62 | 61 | 57 | 53 | 53 | 55 | 57 | 57.00 |
| | 11-12 | 67 | 66 | 65 | 64 | 63 | 70 | 67 | 66 | 64 | 65.78 |
| | 12-13 | 75 | 77 | 74 | 75 | 73 | 74 | 75 | 74 | 71 | 74.22 |
| | 13-14 | 73 | 67 | 68 | 81 | 85 | 91 | 83 | 82 | 99 | 81.00 |
| | 14-15 | 90 | 88 | 89 | 87 | 88 | 89 | 91 | 88 | 89 | 88.78 |

注：每两个立柱之间的面上平均取 9 个点。

**附表 3-6-2 环冷机外侧温度**

| 位置 | 钢结构区域 | 外侧温度/℃ | | | | | | | | | 平均/℃ |
|---|---|---|---|---|---|---|---|---|---|---|---|
| | | 1 | 2 | 3 | 4 | 5 | 6 | 7 | 8 | 9 | |
| 环冷一段 | 1-2 | 117 | 119 | 122 | 123 | 137 | 140 | 147 | 152 | 188 | 138.33 |
| | 2-3 | 114 | 116 | 117 | 124 | 125 | 139 | 140 | 217 | 313 | 156.11 |
| | 3-4 | 115 | 129 | 138 | 154 | 184 | 185 | 187 | 203 | 220 | 168.33 |
| 环冷二段 | 4-5 | 109 | 110 | 115 | 117 | 135 | 139 | 145 | 148 | 222 | 137.78 |
| | 5-6 | 115 | 117 | 121 | 124 | 134 | 136 | 148 | 150 | 166 | 134.56 |
| | 6-7 | 93 | 106 | 117 | 121 | 121 | 123 | 143 | 163 | 169 | 128.44 |
| | 7-8 | 105 | 109 | 109 | 111 | 114 | 124 | 126 | 128 | 134 | 117.78 |
| | 8-9 | 94 | 102 | 107 | 109 | 116 | 124 | 127 | 133 | 137 | 116.56 |
| 环冷三段和环冷四段 | 9-10 | 45 | 47 | 48 | 79 | 81 | 82 | 89 | 113 | 118 | 78.00 |
| | 10-11 | 50 | 51 | 51 | 87 | 91 | 92 | 93 | 105 | 106 | 80.67 |
| | 11-12 | 41 | 42 | 47 | 92 | 100 | 106 | 108 | 113 | 118 | 85.22 |
| | 12-13 | 63 | 65 | 66 | 102 | 103 | 113 | 116 | 121 | 123 | 96.89 |
| | 13-14 | 81 | 85 | 87 | 93 | 98 | 103 | 104 | 128 | 136 | 101.67 |
| | 14-15 | 76 | 81 | 94 | 106 | 112 | 115 | 121 | 125 | 135 | 107.22 |

注：每两个立柱之间的面上平均取 9 个点。

**附表 3-6-3 环冷机内侧温度**

| 位置 | 钢结构区域 | 内侧温度/℃ | | | | | | | | | 平均/℃ |
|---|---|---|---|---|---|---|---|---|---|---|---|
| | | 1 | 2 | 3 | 4 | 5 | 6 | 7 | 8 | 9 | |
| 环冷一段 | 1-2 | 114 | 126 | 173 | 189 | 196 | 261 | 265 | 266 | 270 | 206.67 |
| | 2-3 | 249 | 271 | 289 | 294 | 304 | 312 | 315 | 328 | 336 | 299.78 |
| | 3-4 | 273 | 290 | 291 | 316 | 338 | 350 | 354 | 356 | 387 | 328.33 |

续附表 3-6-3

| 位置 | 钢结构区域 | 内侧温度/℃ | | | | | | | | | 平均/℃ |
|---|---|---|---|---|---|---|---|---|---|---|---|
| | | 1 | 2 | 3 | 4 | 5 | 6 | 7 | 8 | 9 | |
| 环冷二段 | 4-5 | 147 | 154 | 156 | 157 | 158 | 160 | 165 | 175 | 202 | 163.78 |
| | 5-6 | 122 | 136 | 149 | 153 | 170 | 171 | 175 | 176 | 182 | 159.33 |
| | 6-7 | 130 | 137 | 138 | 142 | 147 | 150 | 173 | 198 | 209 | 158.22 |
| | 7-8 | 111 | 127 | 139 | 153 | 163 | 171 | 176 | 177 | 187 | 156.00 |
| | 8-9 | 111 | 113 | 116 | 126 | 128 | 131 | 132 | 143 | 156 | 128.44 |
| 环冷三段和环冷四段 | 9-10 | 62 | 62 | 62 | 64 | 64 | 67 | 68 | 70 | 70 | 65.44 |
| | 10-11 | 59 | 60 | 63 | 69 | 75 | 77 | 78 | 78 | 80 | 71.00 |
| | 11-12 | 61 | 62 | 64 | 78 | 78 | 79 | 81 | 82 | 97 | 75.78 |
| | 12-13 | 66 | 66 | 68 | 69 | 70 | 70 | 72 | 75 | 137 | 77.00 |
| | 13-14 | 81 | 82 | 82 | 85 | 101 | 106 | 123 | 131 | 201 | 110.22 |
| | 14-15 | 90 | 99 | 114 | 116 | 117 | 119 | 123 | 152 | 159 | 121.00 |

注：每两个立柱之间的面上平均取 9 个点。

**附表 3-6-4 环冷机底部（风箱）温度** （℃）

| 位置 | 风箱序号 | 测点（风箱）位置（逆时针） | | | | | | | | 平均 |
|---|---|---|---|---|---|---|---|---|---|---|
| | | 内部 | | 外部 | | 前面 | | 后面 | | |
| 环冷一段 | 1 | 32.4 | 31.2 | 31.8 | 32.2 | 32.6 | 32.4 | 31.6 | 32.2 | 31.8 |
| | | 31.0 | 30.6 | 31.6 | 32.0 | 31.6 | 31.6 | 31.6 | 32.2 | |
| | 2 | 32.5 | 30.9 | 32.2 | 32.2 | 31.8 | 32.8 | 31.2 | 32.4 | 32.0 |
| | | 31.6 | 31.8 | 32.6 | 32.2 | 31.8 | 31.8 | 31.6 | 32.2 | |
| | 3 | 33.8 | 32.8 | 33.2 | 33.3 | 33.4 | 33.4 | 33.2 | 32.8 | 33.0 |
| | | 32.2 | 32.2 | 32.6 | 32.8 | 33.4 | 33.0 | 33.0 | 33.0 | |
| | 4 | 33.2 | 33.4 | 33.2 | 33.2 | 32.8 | 33.2 | 33.2 | 33.3 | 33.1 |
| | | 32.8 | 33.0 | 33.2 | 33.0 | 32.8 | 32.8 | 33.0 | 33.2 | |
| 环冷二段 | 5 | 32.4 | 32.6 | 32.6 | 32.4 | 33.2 | 32.6 | 32.6 | 32.4 | 32.4 |
| | | 31.6 | 31.8 | 32.6 | 32.4 | 32.6 | 32.6 | 32.2 | 32.2 | |
| | 6 | 32.8 | 32.8 | 32.2 | 32.4 | 32.6 | 32.4 | 32.2 | 32.6 | 32.0 |
| | | 31.6 | 31.6 | 32.0 | 32.0 | 32.4 | 32.2 | 30.6 | 29.6 | |
| | 7 | 31.8 | 31.8 | 31.2 | 31.2 | 31.6 | 31.6 | 30.8 | 30.2 | 31.2 |
| | | 31.2 | 30.8 | 31.8 | 31.6 | 31.2 | 31.2 | 30.6 | 30.4 | |
| | 8 | 31.4 | 31.4 | 30.6 | 30.4 | 30.6 | 30.8 | 30.6 | 30.4 | 30.6 |
| | | 30.8 | 30.6 | 30.4 | 29.8 | 30.8 | 30.6 | 30.4 | 30.6 | |
| | 9 | 31.2 | 31.2 | 30.6 | 30.6 | 30.8 | 31.0 | 30.4 | 30.4 | 30.5 |
| | | 30.6 | 30.8 | 28.2 | 30.4 | 30.8 | 30.8 | 30.4 | 30.2 | |

续附表 3-6-4

| 位置 | 风箱序号 | 测点（风箱）位置（逆时针） | | | | | | | | 平均 |
|---|---|---|---|---|---|---|---|---|---|---|
| | | 内部 | | 外部 | | 前面 | | 后面 | | |
| 环冷三段和环冷四段 | 10 | 30.6 | 30.8 | 30.2 | 30.8 | 30.6 | 30.8 | 30.6 | 30.4 | 30.4 |
| | | 29.8 | 29.8 | 30.2 | 29.8 | 30.6 | 30.6 | 30.4 | 30.6 | |
| | 11 | 29.6 | 29.2 | 29.4 | 29.2 | 29.4 | 29.2 | 29.4 | 29.2 | 29.1 |
| | | 28.6 | 28.8 | 28.0 | 28.4 | 30.8 | 28.6 | 28.6 | 28.6 | |
| | 12 | 29.8 | 29.8 | 29.6 | 29.2 | 28.4 | 29.4 | 29.6 | 29.4 | 29.0 |
| | | 28.8 | 29.2 | 27.8 | 28.6 | 28.6 | 28.8 | 28.4 | 28.8 | |
| | 13 | 30.2 | 30.0 | 29.6 | 29.8 | 29.8 | 29.8 | 29.8 | 29.6 | 29.5 |
| | | 28.8 | 29.6 | 29.2 | 29.0 | 29.6 | 29.2 | 29.0 | 28.8 | |
| | 14 | 30.2 | 29.4 | 29.0 | 29.4 | 29.2 | 28.8 | 29.8 | 30.2 | 29.0 |
| | | 29.6 | 28.2 | 28.0 | 27.8 | 28.4 | 27.8 | 28.6 | 29.2 | |
| | 15 | 29.2 | 29.6 | 29.8 | 30.2 | 29.4 | 28.8 | 28.2 | 28.6 | 29.0 |
| | | 28.4 | 29.6 | 29.4 | 28.6 | 29.2 | 28.8 | 28.0 | 28.6 | |

**附表 3-7-1　环冷一段排气方管道表面温度**

| 部　位 | 竖直排气管道表面温度/℃ | | | 平均/℃ |
|---|---|---|---|---|
| | 左 | 中 | 右 | |
| 西南 | 97.2 | 98.6 | 101.4 | 105.8 |
| | 116.4 | 98.6 | 102.6 | |
| | 129 | 108.4 | 102 | |
| | 99.6 | 111.2 | 103.8 | |
| | 88 | 112 | 85 | |
| | 120 | 125 | 105 | |
| 东南 | 96 | 132 | 109 | 108.8 |
| | 90 | 129 | 108 | |
| | 99 | 88 | 108 | |
| | 93 | 125 | 89 | |
| | 86 | 131 | 117 | |
| | 113 | 137 | 108 | |
| 东北 | 136 | 156 | 102 | 130.5 |
| | 127 | 153 | 126 | |
| | 122 | 136 | 126 | |
| | 127 | 147 | 124 | |
| | 112 | 134 | 130 | |

续附表 3-7-1

| 部 位 | 竖直排气管道表面温度/℃ | | | 平均/℃ |
|---|---|---|---|---|
| | 左 | 中 | 右 | |
| 西北 | 136 | 137 | 96 | 128.6 |
| | 136 | 138 | 98 | |
| | 152 | 154 | 113 | |
| | 148 | 128 | 97 | |
| | 149 | 143 | 104 | |
| 部 位 | 环形排气管道表面温度/℃ | | | 平均/℃ |
| | 左 | 中 | 右 | |
| 竖直环形表面 | 83 | 116 | 120 | 104.0 |
| | 123 | 99 | 78 | |
| | 119 | 125 | 80 | |
| | 120 | 106 | 77 | |
| | 95 | 83 | 80 | |
| | 142 | 129 | 62 | |
| | 150 | 118 | 92 | |
| | 108 | 93 | 99 | |
| 环形底面（逆时针） | 95 | 113 | 124 | 70.8 |
| | 76 | 71 | 80 | |
| | 85 | 99 | 73 | |
| | 50 | 67 | 65 | |
| | 40 | 56 | 70 | |
| | 42 | 61 | 70 | |
| | 41 | 46 | 63 | |

**附表 3-7-2 环冷二段排气圆管道表面温度**

| 管道直径/m | 管道长度/m | 管道面积/$m^2$ |
|---|---|---|
| 3.33 | 95 | 993.8 |

| 部位 | 竖直排气管道表面温度/℃ | | | 平均/℃ |
|---|---|---|---|---|
| | 1① | 2 | 3 | |
| | 4 | 5 | 6 | |
| 北 | 116 | 108 | 128 | 119.7 |
| | 126 | 116 | 124 | |

续附表 3-7-2

| 管道直径/m | 管道长度/m | 管道面积/$m^2$ |
| --- | --- | --- |
| 3.33 | 95 | 993.8 |

| | | | | |
| --- | --- | --- | --- | --- |
| 西 | 125 | 120 | 117 | 122.3 |
| | 130 | 125 | 117 | |
| 南 | 139 | 144 | 142 | 137.2 |
| | 132 | 134 | 132 | |
| 东 | 136 | 137 | 141 | 134.8 |
| | 130 | 127 | 138 | |
| 部位 | 水平横管排气管道表面温度/℃ | | | 平均/℃ |
| | 左 | 中 | 右 | |
| 南→北 | 98 | 103 | 92 | 90.3 |
| | 81 | 74 | 95 | |
| | 88 | 77 | 91 | |
| | 95 | 90 | 83 | |
| | 91 | 88 | 94 | |
| | 95 | 92 | 94 | |
| | 98 | 92 | 85 | |
| | 91 | 101 | 80 | |
| | 98 | 103 | 92 | |
| 西→东 | 91 | 120 | 113 | 112.7 |
| | 97 | 113 | 123 | |
| | 114 | 127 | 120 | |
| | 113 | 117 | 117 | |
| | 114 | 109 | 110 | |
| | 108 | 104 | 118 | |

①表示的6个测点是按照方向平均取的6个点。

**附表 3-7-3　环冷三段排气管道表面温度**

| 部　位 | 竖直排气管道表面温度/℃ | | | 平均/℃ |
| --- | --- | --- | --- | --- |
| | 1① | 2 | 3 | |
| | 4 | 5 | 6 | |
| 北 | 36 | 39 | 37 | 37.2 |
| | 36 | 39 | 36 | |

续附表 3-7-3

| 部 位 | 竖直排气管道表面温度/℃ | | | 平均/℃ |
|---|---|---|---|---|
| | 1[①] | 2 | 3 | |
| | 4 | 5 | 6 | |
| 西 | 49 | 51 | 41 | 43.5 |
| | 37 | 43 | 40 | |
| 南 | 49 | 48 | 37 | 41.2 |
| | 43 | 35 | 35 | |
| 东 | 39 | 38 | 35 | 37.5 |
| | 44 | 36 | 33 | |
| 部 位 | 水平横管/竖直排气管道表面温度/℃ | | | 平均/℃ |
| | 左 | 中 | 右 | |
| 南→北 | 40 | 35 | 45 | 57.6 |
| | 47 | 43 | 45 | |
| | 63 | 77 | 58 | |
| | 72 | 78 | 86 | |
| | 62 | 70 | 56 | |
| | 58 | 69 | 52 | |
| | 38 | 48 | 46 | |
| | 68 | 65 | 70 | |
| | 62 | 63 | 64 | |
| | 60 | 53 | 59 | |
| | 56 | 57 | 57 | |
| | 54 | 61 | 63 | |
| | 45 | 55 | 63 | |
| | 46 | 52 | 59 | |
| 上→下 | 62 | 66 | 57 | 62.2 |
| | 61 | 64 | 56 | |
| | 64 | 67 | 58 | |
| | 63 | 65 | 59 | |
| | 65 | 61 | 76 | |
| | 47 | 67 | 54 | |
| | 63 | 69 | 62 | |

①表示的6个测点是按照方向平均取的6个点。

**附表 3-7-4　环冷四段排气管道表面温度**

| 方　位 | 排气管道表面温度/℃ | | | 平均/℃ |
|---|---|---|---|---|
| | 1[①] | 2 | 3 | |
| | 4 | 5 | 6 | |
| 北 | 36.2 | 46.4 | 35.0 | 38.2 |
| | 42.4 | 32.8 | 36.4 | |
| 西 | 32.4 | 33.6 | 31.6 | 32.2 |
| | 33.8 | 30.2 | 31.8 | |
| 南 | 37.8 | 47.0 | 37.0 | 39.3 |
| | 38.6 | 37.2 | 38.4 | |
| 东 | 46.6 | 50.6 | 40.4 | 43.8 |
| | 48.6 | 36.8 | 39.6 | |
| 总平均 | 38.4 | | | |

①表示的 6 个测点是按照方向平均取的 6 个点。

**附表 3-8-1　环冷机隔墙风**（北）（尺寸 630mm×212mm）

| 时间<br>7 月 24 号 | 温度/℃ | | | | |
|---|---|---|---|---|---|
| | 1 | 2 | 3 | 4 | 5 |
| 10：00 | 304 | 305 | 306 | 307 | 305 |
| 10：30 | 306 | 306 | 307 | 308 | 305 |

| 时间 | 压差/Pa | | | | | | | |
|---|---|---|---|---|---|---|---|---|
| | 位置[①] | 1 | 2 | 3 | 4 | 5 | 6 | 7 |
| 14：05 | 上 | 57 | 53 | 62 | 66 | 50 | 59 | 50 |
| | 中 | 12 | 7 | 10 | 3 | 4 | 10 | 9 |
| | 下 | 6.3 | 7.8 | 9.0 | 7.0 | 6.3 | 7.8 | 6.5 |
| 16：00 | 上 | 48 | 48.5 | 48.3 | 50 | 48 | 44.3 | 49.3 |
| | 中 | 4.3 | 1.0 | 2.5 | 3.0 | 0.3 | 2.0 | 1.8 |
| | 下 | 2.3 | 3.0 | 4.3 | 4.5 | 1.5 | 2.5 | 3.5 |

①表示在隔墙的上、中、下共取三个测点，每个测点记 7 个数据。

**附表 3-8-2　环冷机隔墙风**（南）（尺寸 630mm×212mm）

| 时间<br>7 月 24 号 | 温度/℃ | | | | |
|---|---|---|---|---|---|
| | 1 | 2 | 3 | 4 | 5 |
| 10：10 | 149.1 | 149.1 | 148.6 | 147.9 | 149.0 |
| 10：40 | 148.9 | 147.9 | 148.2 | 148.2 | 148.1 |

续附表 3-8-2

<table>
<tr><td rowspan="4">时间<br>7月24号</td><td colspan="8">温度/℃</td></tr>
<tr><td colspan="2">1</td><td colspan="2">2</td><td colspan="2">3</td><td>4</td><td>5</td></tr>
<tr><td colspan="8">压差/Pa</td></tr>
<tr><td>位置[①]</td><td>1</td><td>2</td><td>3</td><td>4</td><td>5</td><td>6</td><td>7</td></tr>
<tr><td rowspan="3">14：15</td><td>上</td><td>89.3</td><td>86.5</td><td>91.0</td><td>83.1</td><td>79.0</td><td>85.0</td><td>81.8</td></tr>
<tr><td>中</td><td>7.0</td><td>12.0</td><td>10.0</td><td>0.5</td><td>0.3</td><td>1.0</td><td>0.3</td></tr>
<tr><td>下</td><td>3.0</td><td>1.8</td><td>3.0</td><td>1.5</td><td>0.3</td><td>2.8</td><td>2.3</td></tr>
<tr><td rowspan="3">16：10</td><td>上</td><td>80.3</td><td>77.0</td><td>75.0</td><td>76.8</td><td>77.0</td><td>79.0</td><td>81.0</td></tr>
<tr><td>中</td><td>2.3</td><td>1.3</td><td>1.5</td><td>8.3</td><td>2.3</td><td>1.3</td><td>0.5</td></tr>
<tr><td>下</td><td>0.8</td><td>1.0</td><td>1.2</td><td>3.0</td><td>2.3</td><td>3.3</td><td>2.5</td></tr>
</table>

①表示在隔墙的上、中、下共取三个测点，每个测点记7个数据。

**附表 3-9-1 环冷机1号风机第一组（$d_{内}=1842mm$，温度 $t=32.3$ ℃）**

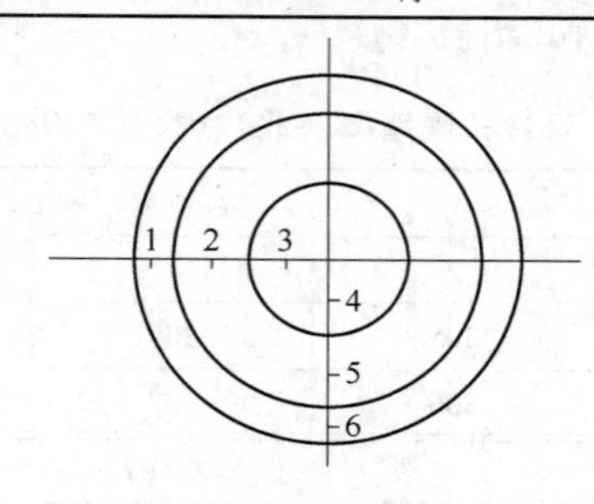


<table>
<tr><td rowspan="2">方位</td><td rowspan="2">测点</td><td colspan="8">压 差/Pa</td></tr>
<tr><td>1</td><td>2</td><td>3</td><td>4</td><td>5</td><td>6</td><td>7</td><td>均值</td></tr>
<tr><td rowspan="6">1</td><td>1</td><td>330</td><td>332</td><td>276</td><td>298</td><td>345</td><td>298</td><td>315</td><td>313.3</td></tr>
<tr><td>2</td><td>320</td><td>289</td><td>328</td><td>349</td><td>249</td><td>235</td><td>240</td><td>287.0</td></tr>
<tr><td>3</td><td>328</td><td>287</td><td>346</td><td>328</td><td>263</td><td>330</td><td>323</td><td>314.8</td></tr>
<tr><td>4</td><td>345</td><td>280</td><td>326</td><td>298</td><td>340</td><td>285</td><td>278</td><td>307.3</td></tr>
<tr><td>5</td><td>350</td><td>341</td><td>327</td><td>325</td><td>330</td><td>316</td><td>302</td><td>327.2</td></tr>
<tr><td>6</td><td>338</td><td>304</td><td>372</td><td>356</td><td>368</td><td>368</td><td>359</td><td>352.1</td></tr>
<tr><td rowspan="6">2</td><td>1</td><td>321</td><td>376</td><td>380</td><td>362</td><td>358</td><td>305</td><td>320</td><td>345.8</td></tr>
<tr><td>2</td><td>266</td><td>241</td><td>247</td><td>232</td><td>249</td><td>286</td><td>284</td><td>257.8</td></tr>
<tr><td>3</td><td>308</td><td>293</td><td>321</td><td>330</td><td>326</td><td>320</td><td>338</td><td>319.5</td></tr>
<tr><td>4</td><td>329</td><td>350</td><td>304</td><td>336</td><td>355</td><td>341</td><td>324</td><td>334.0</td></tr>
<tr><td>5</td><td>300</td><td>359</td><td>319</td><td>348</td><td>365</td><td>307</td><td>309</td><td>329.5</td></tr>
<tr><td>6</td><td>323</td><td>362</td><td>305</td><td>322</td><td>362</td><td>305</td><td>358</td><td>333.6</td></tr>
</table>

续附表 3-9-1

| 方位 | 测点 | 压差/Pa | | | | | | | |
|---|---|---|---|---|---|---|---|---|---|
| | | 1 | 2 | 3 | 4 | 5 | 6 | 7 | 均值 |
| 平均 | | | | | | | | | 318.5 |
| 静压 | | 3080 | 3011 | 3036 | 3047 | 3021 | 3055 | 3001 | 3035.9 |

**附表 3-9-2　环冷机 1 号风机第二组**（温度 $t$=32.3 ℃）

| 方位 | 测点 | 压差/Pa | | | | | | | |
|---|---|---|---|---|---|---|---|---|---|
| | | 1 | 2 | 3 | 4 | 5 | 6 | 7 | 均值 |
| 1 | 1 | 347 | 314 | 287 | 359 | 348 | 337 | 339 | 333 |
| | 2 | 308 | 286 | 279 | 283 | 312 | 327 | 284 | 297 |
| | 3 | 325 | 324 | 375 | 329 | 387 | 384 | 365 | 356 |
| | 4 | 236 | 293 | 287 | 257 | 276 | 256 | 245 | 264 |
| | 5 | 396 | 390 | 335 | 350 | 312 | 337 | 383 | 358 |
| | 6 | 275 | 334 | 274 | 284 | 302 | 329 | 295 | 299 |
| 2 | 1 | 312 | 315 | 256 | 286 | 247 | 312 | 308 | 291 |
| | 2 | 350 | 313 | 338 | 357 | 437 | 393 | 329 | 360 |
| | 3 | 407 | 326 | 366 | 306 | 372 | 364 | 314 | 351 |
| | 4 | 368 | 315 | 354 | 413 | 387 | 382 | 421 | 377 |
| | 5 | 314 | 308 | 331 | 386 | 387 | 361 | 375 | 352 |
| | 6 | 322 | 415 | 426 | 329 | 378 | 407 | 380 | 380 |
| 平均 | | | | | | | | | 335 |
| 静压 | | 3025 | 3096 | 3088 | 3084 | 3099 | 3016 | 3066 | 3067.7 |

**附表 3-9-3　环冷机 1 号风机第三组**（温度 $t$=32.3 ℃）

| 方位 | 测点 | 压差/Pa | | | | | | | |
|---|---|---|---|---|---|---|---|---|---|
| | | 1 | 2 | 3 | 4 | 5 | 6 | 7 | 均值 |
| 1 | 1 | 273 | 272 | 397 | 251 | 338 | 215 | 315 | 294 |
| | 2 | 262 | 246 | 259 | 252 | 255 | 220 | 256 | 250 |
| | 3 | 294 | 285 | 291 | 318 | 206 | 331 | 369 | 299 |
| | 4 | 296 | 422 | 354 | 385 | 286 | 367 | 383 | 356 |
| | 5 | 367 | 387 | 334 | 287 | 337 | 359 | 367 | 348 |
| | 6 | 424 | 495 | 485 | 419 | 366 | 323 | 356 | 410 |

续附表 3-9-3

| 方位 | 测点 | 压差/Pa | | | | | | | |
| --- | --- | --- | --- | --- | --- | --- | --- | --- | --- |
| | | 1 | 2 | 3 | 4 | 5 | 6 | 7 | 均值 |
| 2 | 1 | 109 | 144 | 185 | 185 | 198 | 169 | 119 | 158 |
| | 2 | 267 | 206 | 260 | 239 | 281 | 262 | 279 | 256 |
| | 3 | 391 | 299 | 381 | 315 | 324 | 385 | 355 | 350 |
| | 4 | 344 | 419 | 305 | 365 | 390 | 423 | 345 | 370 |
| | 5 | 394 | 390 | 369 | 329 | 365 | 354 | 405 | 372 |
| | 6 | 361 | 351 | 384 | 284 | 360 | 400 | 373 | 359 |
| 平均 | | | | | | | | | 319 |
| 静压 | | 2972 | 3096 | 2986 | 2978 | 3152 | 3056 | 3120 | 3051.4 |

**附表 3-10 环冷机 2 号风机（$d_{内}=1842$mm）**

| 组别 | 测点 | 压差/Pa | | | | | | | |
| --- | --- | --- | --- | --- | --- | --- | --- | --- | --- |
| | | 1 | 2 | 3 | 4 | 5 | 6 | 7 | 均值 |
| 第一组 $t=31.5$℃ | 1 | 257 | 219 | 249 | 206 | 321 | 282 | 255 | 255.6 |
| | 2 | 328 | 381 | 386 | 319 | 305 | 301 | 302 | 331.7 |
| | 3 | 320 | 380 | 361 | 352 | 361 | 368 | 350 | 356 |
| | 4 | 308 | 390 | 316 | 396 | 346 | 354 | 301 | 344.4 |
| | 5 | 419 | 350 | 415 | 403 | 368 | 370 | 368 | 384.7 |
| | 6 | 317 | 304 | 334 | 386 | 302 | 289 | 301 | 319 |
| | 平均 | | | | | | | | 331.9 |
| | 静压 | 2691 | 2511 | 2614 | 2590 | 2557 | 2664 | 2600 | 2603.9 |
| 第二组 $t=30.0$℃ | 1 | 250 | 213 | 197 | 219 | 316 | 210 | 257 | 237.43 |
| | 2 | 357 | 315 | 316 | 315 | 378 | 362 | 371 | 344.86 |
| | 3 | 368 | 330 | 369 | 321 | 317 | 336 | 391 | 347.43 |
| | 4 | 370 | 243 | 280 | 335 | 259 | 433 | 440 | 337.14 |
| | 5 | 382 | 257 | 296 | 310 | 305 | 321 | 276 | 306.71 |
| | 6 | 265 | 386 | 321 | 345 | 273 | 365 | 378 | 333.29 |
| | 平均 | | | | | | | | 317.81 |
| | 静压 | 2754 | 2783 | 2789 | 2785 | 2733 | 2720 | 2777 | 2763 |

续附表 3-10

| 组别 | 测点 | 压差/Pa | | | | | | | |
|---|---|---|---|---|---|---|---|---|---|
| | | 1 | 2 | 3 | 4 | 5 | 6 | 7 | 均值 |
| 第三组 $t=30.0$℃ | 1 | 195 | 140 | 219 | 308 | 276 | 285 | 241 | 237.71 |
| | 2 | 271 | 313 | 320 | 407 | 364 | 346 | 478 | 357.00 |
| | 3 | 373 | 390 | 402 | 386 | 314 | 365 | 291 | 360.14 |
| | 4 | 281 | 317 | 404 | 466 | 451 | 290 | 364 | 367.57 |
| | 5 | 204 | 364 | 302 | 237 | 265 | 364 | 375 | 301.57 |
| | 6 | 388 | 312 | 397 | 357 | 345 | 309 | 350 | 351.14 |
| | 平均 | | | | | | | | 329.19 |
| | 静压 | 2797 | 2760 | 2772 | 2734 | 2764 | 2704 | 2645 | 2739.4 |

注：测点位置见附表 3-9-1。

**附表 3-11-1 环冷机 3 号风机第一组**（温度 31℃，尺寸 1280mm×1570mm）

| 位置 | 测点 | 压差/Pa | | | | | | | |
|---|---|---|---|---|---|---|---|---|---|
| | | 1 | 2 | 3 | 4 | 5 | 6 | 7 | 均值 |
| 上 1 | 1 | 570 | 589 | 607 | 624 | 597 | 605 | 587 | 597.0 |
| | 2 | 612 | 594 | 576 | 607 | 567 | 600 | 584 | 591.4 |
| | 3 | 566 | 610 | 558 | 505 | 564 | 539 | 520 | 551.7 |
| | 4 | 513 | 444 | 498 | 472 | 521 | 491 | 470 | 487.0 |
| 上 2 | 1 | 513 | 516 | 530 | 522 | 544 | 512 | 520 | 522.4 |
| | 2 | 518 | 475 | 525 | 475 | 451 | 539 | 520 | 500.4 |
| | 3 | 516 | 490 | 494 | 491 | 400 | 453 | 480 | 474.9 |
| | 4 | 405 | 514 | 528 | 560 | 518 | 492 | 500 | 502.4 |
| 下 2 | 1 | 512 | 502 | 487 | 499 | 510 | 506 | 489 | 500.7 |
| | 2 | 585 | 507 | 573 | 567 | 530 | 447 | 490 | 528.4 |
| | 3 | 401 | 455 | 413 | 430 | 415 | 449 | 470 | 433.3 |
| | 4 | 476 | 492 | 580 | 592 | 560 | 617 | 585 | 557.4 |
| 下 1 | 1 | 554 | 579 | 490 | 639 | 557 | 505 | 539 | 551.9 |
| | 2 | 402 | 476 | 470 | 498 | 504 | 509 | 490 | 478.4 |
| | 3 | 525 | 508 | 517 | 548 | 547 | 525 | 527 | 528.1 |
| | 4 | 516 | 532 | 513 | 496 | 586 | 517 | 517 | 525.3 |
| 平均 | | | | | | | | | 520.7 |
| 静压 | | 2808 | 2874 | 2908 | 2914 | 2914 | 2908 | 2854 | 2882.9 |

注：测点位置见附表 1-11-1。

附表 3-11-2 环冷机 3 号风机第二组（温度 30.3℃）

| 位置 | 测点 | 压差/Pa | | | | | | | |
|---|---|---|---|---|---|---|---|---|---|
| | | 1 | 2 | 3 | 4 | 5 | 6 | 7 | 均值 |
| 上 1 | 1 | 522 | 560 | 544 | 483 | 490 | 592 | 473 | 523.43 |
| | 2 | 455 | 487 | 515 | 596 | 493 | 559 | 526 | 518.71 |
| | 3 | 546 | 499 | 466 | 398 | 421 | 386 | 353 | 438.43 |
| | 4 | 352 | 396 | 428 | 399 | 370 | 384 | 284 | 373.29 |
| 上 2 | 1 | 513 | 437 | 429 | 450 | 454 | 535 | 505 | 474.71 |
| | 2 | 508 | 450 | 513 | 446 | 552 | 427 | 429 | 475.00 |
| | 3 | 526 | 518 | 520 | 499 | 543 | 456 | 504 | 509.43 |
| | 4 | 561 | 507 | 478 | 508 | 596 | 615 | 575 | 548.57 |
| 下 2 | 1 | 661 | 506 | 533 | 542 | 521 | 452 | 531 | 535.14 |
| | 2 | 535 | 531 | 634 | 540 | 637 | 601 | 566 | 577.71 |
| | 3 | 499 | 545 | 634 | 615 | 517 | 475 | 412 | 528.14 |
| | 4 | 611 | 557 | 591 | 678 | 578 | 515 | 566 | 585.14 |
| 下 1 | 1 | 514 | 488 | 491 | 477 | 549 | 568 | 505 | 513.14 |
| | 2 | 506 | 541 | 586 | 584 | 522 | 548 | 514 | 543.00 |
| | 3 | 710 | 696 | 643 | 611 | 608 | 584 | 583 | 633.57 |
| | 4 | 552 | 497 | 535 | 579 | 494 | 569 | 532 | 536.86 |
| 平均 | | | | | | | | | 519.64 |
| 静压 | | 2805 | 2784 | 2851 | 2813 | 2820 | 2682 | 2775 | 2790.00 |

注：测点位置见附表 3-9-1。

附表 3-11-3 环冷机 3 号风机第三组（温度 30.1℃）

| 位置 | 测点 | 压差/Pa | | | | | | | |
|---|---|---|---|---|---|---|---|---|---|
| | | 1 | 2 | 3 | 4 | 5 | 6 | 7 | 均值 |
| 上 1 | 1 | 525 | 628 | 551 | 545 | 597 | 517 | 506 | 552.71 |
| | 2 | 520 | 557 | 529 | 470 | 546 | 501 | 561 | 526.29 |
| | 3 | 517 | 441 | 509 | 576 | 444 | 345 | 300 | 447.43 |
| | 4 | 361 | 258 | 404 | 487 | 361 | 300 | 336 | 358.14 |
| 上 2 | 1 | 557 | 586 | 519 | 539 | 429 | 410 | 503 | 506.14 |
| | 2 | 486 | 387 | 559 | 550 | 446 | 547 | 579 | 507.71 |
| | 3 | 485 | 531 | 519 | 599 | 586 | 521 | 346 | 512.43 |
| | 4 | 519 | 501 | 646 | 585 | 425 | 595 | 539 | 544.29 |

续附表 3-11-3

| 位置 | 测点 | 压　差/Pa | | | | | | | |
|---|---|---|---|---|---|---|---|---|---|
| | | 1 | 2 | 3 | 4 | 5 | 6 | 7 | 均值 |
| 下 2 | 1 | 509 | 486 | 586 | 536 | 588 | 558 | 446 | 529.86 |
| | 2 | 556 | 546 | 564 | 588 | 595 | 550 | 588 | 569.57 |
| | 3 | 550 | 540 | 534 | 564 | 564 | 570 | 545 | 552.43 |
| | 4 | 537 | 619 | 680 | 628 | 488 | 547 | 622 | 588.71 |
| 下 1 | 1 | 500 | 421 | 487 | 585 | 499 | 542 | 575 | 515.57 |
| | 2 | 587 | 629 | 634 | 605 | 598 | 689 | 667 | 629.86 |
| | 3 | 659 | 644 | 571 | 690 | 620 | 645 | 617 | 635.14 |
| | 4 | 524 | 470 | 487 | 555 | 498 | 459 | 467 | 494.29 |
| 平均 | | | | | | | | | 529.41 |
| 静压 | | 2819 | 2871 | 2807 | 2880 | 2800 | 2840 | 2884 | 2843.00 |

注：测点位置见附表 3-9-1。

**附表 3-12**　（环冷三段排出）**进入鼓风段气体**（$d$=2300mm）

| 组别 | 测点 | 压　差/Pa | | | | | | | |
|---|---|---|---|---|---|---|---|---|---|
| | | 1 | 2 | 3 | 4 | 5 | 6 | 7 | 均值 |
| 第一组<br>$t$= 143℃ | 1 | 113 | 122 | 116 | 130 | 116 | 125 | 130 | 121.7 |
| | 2 | 142 | 126 | 121 | 130 | 135 | 136 | 152 | 134.6 |
| | 3 | 136 | 137 | 133 | 127 | 126 | 127 | 126 | 130.3 |
| | 4 | 116 | 117 | 103 | 116 | 121 | 102 | 98 | 110.4 |
| | 静压 | -161 | -193 | -195 | -200 | -198 | -192 | -189 | -189.7 |
| 第二组<br>$t$= 145℃ | 1 | 130 | 130 | 150 | 140 | 130 | 130 | 140 | 135.7 |
| | 2 | 160 | 150 | 160 | 150 | 140 | 150 | 160 | 152.9 |
| | 3 | 130 | 140 | 130 | 160 | 110 | 130 | 140 | 134.3 |
| | 4 | 140 | 130 | 120 | 150 | 150 | 150 | 160 | 142.9 |
| | 静压 | -170 | -180 | -190 | -200 | -180 | -230 | -180 | -190 |
| 第三组<br>$t$= 113℃ | 1 | 170 | 180 | 160 | 150 | 140 | 150 | 160 | 158.6 |
| | 2 | 180 | 140 | 180 | 180 | 170 | 160 | 160 | 167.1 |
| | 3 | 150 | 160 | 170 | 160 | 160 | 170 | 130 | 157.1 |
| | 4 | 140 | 170 | 110 | 110 | 170 | 190 | 90 | 140 |
| | 静压 | -130 | -120 | -130 | -120 | -80 | -90 | -100 | -110 |

续附表 3-12

| 组别 | 测点 | 压差/Pa | | | | | | | |
|---|---|---|---|---|---|---|---|---|---|
| | | 1 | 2 | 3 | 4 | 5 | 6 | 7 | 均值 |
| 第四组<br>$t=106$℃ | 1 | 140 | 150 | 110 | 120 | 120 | 130 | 140 | 130 |
| | 2 | 130 | 160 | 170 | 140 | 130 | 130 | 140 | 142.9 |
| | 3 | 160 | 180 | 170 | 230 | 190 | 120 | 180 | 175.7 |
| | 4 | 80 | 110 | 120 | 120 | 110 | 90 | 110 | 105.7 |
| | 静压 | -220 | -220 | -210 | -210 | -160 | -190 | -180 | -198.6 |
| 第五组<br>$t=188$℃ | 1 | 120 | 130 | 120 | 120 | 160 | 130 | 140 | 131.4 |
| | 2 | 130 | 120 | 120 | 130 | 150 | 140 | 120 | 130 |
| | 3 | 110 | 120 | 120 | 130 | 150 | 140 | 120 | 127.1 |
| | 4 | 100 | 90 | 80 | 80 | 90 | 90 | 60 | 84.3 |
| | 静压 | -50 | -90 | -100 | -110 | -120 | -130 | -150 | -107.1 |
| 第六组<br>$t=228$℃ | 1 | 100 | 100 | 110 | 110 | 140 | 130 | 110 | 114.3 |
| | 2 | 80 | 110 | 130 | 120 | 90 | 100 | 110 | 105.7 |
| | 3 | 100 | 100 | 100 | 120 | 110 | 110 | 110 | 107.1 |
| | 4 | 90 | 100 | 100 | 100 | 70 | 90 | 80 | 90 |
| | 静压 | -130 | -130 | -140 | -130 | -160 | -140 | -150 | -140 |
| 第七组<br>$t=155$℃ | 1 | 140 | 130 | 100 | 100 | 100 | 150 | 140 | 122.9 |
| | 2 | 140 | 120 | 130 | 140 | 130 | 100 | 70 | 118.6 |
| | 3 | 150 | 120 | 130 | 120 | 130 | 120 | 140 | 130 |
| | 4 | 120 | 140 | 140 | 100 | 110 | 110 | 90 | 115.7 |
| | 静压 | -180 | -220 | -190 | -170 | -180 | -190 | -180 | -187.1 |
| 第八组<br>$t=152$℃ | 1 | 140 | 150 | 160 | 150 | 160 | 160 | 170 | 155.7 |
| | 2 | 200 | 170 | 170 | 170 | 160 | 160 | 170 | 171.4 |
| | 3 | 190 | 180 | 170 | 170 | 170 | 180 | 100 | 165.7 |
| | 4 | 150 | 130 | 170 | 160 | 130 | 100 | 140 | 140 |
| | 静压 | -130 | -190 | -190 | -180 | -160 | -130 | -160 | -162.9 |

**附表 3-13 环冷机第四段气体（$d=2876$mm）**

| 组别 | 测点 | 压差/Pa | | | | | | | |
|---|---|---|---|---|---|---|---|---|---|
| | | 1 | 2 | 3 | 4 | 5 | 6 | 7 | 均值 |
| 第一组<br>$t=150$℃ | 1 | 31 | 31 | 24.3 | 19.3 | 23.8 | 24.2 | 21.3 | 24.99 |
| | 2 | 39.5 | 38.3 | 34 | 32.5 | 34.5 | 38.3 | 38.8 | 36.56 |

续附表 3-13

| 组别 | 测点 | 压差/Pa | | | | | | | |
|---|---|---|---|---|---|---|---|---|---|
| | | 1 | 2 | 3 | 4 | 5 | 6 | 7 | 均值 |
| 第一组 $t=150℃$ | 3 | 43 | 36. 9 | 39 | 42. 1 | 43. 6 | 41 | 44. 5 | 41. 44 |
| | 4 | 35. 5 | 28 | 37. 5 | 32. 5 | 38 | 31 | 35. 5 | 34. 00 |
| | 平均 | | | | | | | | 34. 25 |
| | 静压 | -4 | -4. 5 | -3. 5 | -2. 8 | -4 | -5. 1 | -4. 5 | -4. 06 |
| 第二组 $t=130℃$ | 1 | 23. 3 | 19 | 25 | 20. 5 | 22 | 25 | 27. 2 | 23. 14 |
| | 2 | 31 | 31 | 24. 3 | 19. 3 | 23. 8 | 24. 2 | 21. 3 | 24. 99 |
| | 3 | 31. 3 | 33 | 34. 3 | 35. 5 | 40. 3 | 28. 3 | 29 | 33. 10 |
| | 4 | 32. 3 | 35. 3 | 34 | 32 | 30. 8 | 31. 8 | 30 | 32. 31 |
| | 平均 | | | | | | | | 28. 39 |
| | 静压 | -2. 8 | -6. 5 | -2 | -7 | -4 | -4 | -4. 5 | -4. 40 |
| 第三组 $t=133℃$ | 1 | 30 | 29 | 30 | 24 | 26 | 25 | 26 | 27. 14 |
| | 2 | 36 | 34 | 40 | 41 | 31 | 35 | 29 | 35. 14 |
| | 3 | 28 | 28 | 30 | 25 | 34 | 29 | 32 | 29. 43 |
| | 4 | 30 | 29 | 30 | 24 | 26 | 25 | 26 | 27. 14 |
| | 平均 | | | | | | | | 29. 71 |
| | 静压 | -5. 1 | -4 | -2. 8 | -5 | -4 | -4. 5 | -4 | -4. 20 |

注：附表 3-12 和附表 3-13 测点位置见附表 1-7。

**附表 3-14 受料斗隔墙风冷放散**（$d=700$mm）

| 组别 | 测点 | 压差/Pa | | | | | | | |
|---|---|---|---|---|---|---|---|---|---|
| | | 1 | 2 | 3 | 4 | 5 | 6 | 7 | 均值 |
| 第一组 $t=95℃$ | 1 | 3. 5 | 4. 8 | 4. 0 | 5. 8 | 4. 5 | 4. 0 | 4. 1 | 4. 4 |
| | 2 | 6. 0 | 11. 5 | 8. 3 | 5. 0 | 6. 8 | 3. 8 | 4. 0 | 6. 5 |
| | 3 | 3. 8 | 3. 3 | 4. 5 | 3. 9 | 3. 5 | 4. 0 | 4. 1 | 3. 9 |
| | 4 | 5. 3 | 6. 0 | 5. 0 | 4. 3 | 5. 3 | 4. 3 | 4. 2 | 4. 9 |
| | 5 | 2. 0 | 2. 3 | 2. 3 | 3. 0 | 3. 3 | 3. 0 | 3. 1 | 2. 7 |
| | 6 | 2. 3 | 1. 3 | 1. 3 | 2. 5 | 3. 5 | 3. 8 | 1. 8 | 2. 4 |
| | 平均 | | | | | | | | 4. 1 |
| | 静压 | -14 | -5. 3 | -13 | -18 | -11 | -10 | -9 | -11. 5 |

附续表 3-14

| 组别 | 测点 | 压差/Pa | | | | | | | |
|---|---|---|---|---|---|---|---|---|---|
| | | 1 | 2 | 3 | 4 | 5 | 6 | 7 | 均值 |
| 第二组 $t=93.8$℃ | 1 | 10.8 | 11.0 | 8.3 | 14.5 | 10.5 | 14.5 | 8.3 | 11.1 |
| | 2 | 17.0 | 15.8 | 11.3 | 18.8 | 15.5 | 11.3 | 15.5 | 15.0 |
| | 3 | 13.5 | 13.8 | 15.5 | 13.3 | 15.0 | 11.5 | 11.0 | 13.4 |
| | 4 | 12.5 | 11.3 | 12.5 | 12.8 | 11.5 | 12.5 | 9.8 | 11.8 |
| | 5 | 9.3 | 10.5 | 8.0 | 10.3 | 8.5 | 7.8 | 9.5 | 9.1 |
| | 6 | 7.3 | 8.8 | 10.5 | 8.5 | 9.5 | 10.8 | 7.5 | 9.0 |
| | 平均 | | | | | | | | 11.6 |
| | 静压 | −7.5 | −3.8 | −3.0 | 2.0 | 3.5 | 1.3 | −5.8 | −1.9 |
| 第三组 $t=94$℃ | 1 | 1.3 | 8.3 | 2.1 | 8.2 | 1.5 | 2.8 | 5.0 | 4.2 |
| | 2 | 6.5 | 7.4 | 5.1 | 6.5 | 8.4 | 7.1 | 7.0 | 6.9 |
| | 3 | 4.2 | 7.3 | 5.4 | 6.8 | 4.3 | 5.9 | 4.4 | 5.5 |
| | 4 | 5.2 | 1.9 | 5.0 | 6.5 | 5.0 | 5.7 | 6.3 | 5.1 |
| | 5 | 2.5 | 5.4 | 3.4 | 3.7 | 6.6 | 3.4 | 1.7 | 3.8 |
| | 6 | 1.2 | 1.6 | 3.4 | 3.2 | 1.9 | 4.0 | 2.8 | 2.6 |
| | 平均 | | | | | | | | 4.7 |
| | 静压 | −9.1 | −2.5 | −5.4 | −6.6 | −1.9 | −2.0 | −4.4 | −4.6 |

注：测点位置见附表 3-9-1。

**附表 3-15-1 冷却水数据（固定筛、受料斗及隔墙）**

| 时间 | 固定筛筛条出口（窑） | | | 受料斗隔墙冷却水出口 | | |
|---|---|---|---|---|---|---|
| | | | | 出温/℃ | 液压站冷却水回水温度 | |
| 7.24 | 出温/℃ | 压力/MPa | 流量/$m^3 \cdot h^{-1}$ | | 1 号 | 2 号 |
| 9：20 | 49.5 | 0.2 | 164.89 | 159.8 | 35.9 | 36.6 |
| 10：00 | 49.5 | 0.2 | 164.89 | 161.2 | 35.9 | 36.6 |
| 10：30 | 50.2 | 0.1 | 164.89 | 维修 | 36.1 | 36.8 |
| 11：00 | 46.2 | 0.1 | 164.97 | 55.4 | 36.3 | 37.0 |
| 13：00 | 48.4 | 0.1 | 164.97 | 57.0 | 36.3 | 37.0 |
| 13：30 | 48.9 | 0.1 | 164.93 | 58.3 | 36.6 | 37.0 |
| 14：00 | 49.5 | 0.1 | 164.97 | 58.6 | 36.6 | 37.3 |
| 14：30 | 49.7 | 0.1 | 164.97 | 58.6 | 36.3 | 37.0 |
| 15：00 | 50.0 | 0.1 | 164.97 | 59.0 | | |

续附表 3-15-1

| 时间 | 固定筛高端出口（环冷） | | | 固定筛低端出口（环冷） | | |
|---|---|---|---|---|---|---|
| 7.24 | 出温/℃ | 压力/MPa | 流量/$m^3 \cdot h^{-1}$ | 出温/℃ | 压力/MPa | 流量/$m^3 \cdot h^{-1}$ |
| 9：20 | 45.9 | 0.2 | 33.15 | 47.5 | 0.1 | 11.00 |
| 10：00 | 46.1 | 0.2 | 33.15 | 47.7 | 0.1 | 11.00 |
| 10：30 | 46.5 | 0.1 | 33.15 | 47.9 | 0.1 | 11.00 |
| 11：00 | 48.6 | 0.1 | 33.15 | 47.9 | 0.1 | 11.00 |
| 13：00 | 50.9 | 0.1 | 33.15 | 51.8 | 0.1 | 11.00 |
| 13：30 | 51.5 | 0.1 | 33.15 | 52.4 | 0.1 | 11.00 |
| 14：00 | 51.8 | 0.1 | 33.15 | 52.7 | 0.1 | 11.00 |
| 14：30 | 52.0 | 0.1 | 33.15 | 52.9 | 0.1 | 11.01 |
| 15：00 | 52.4 | 0.1 | 33.15 | 53.3 | 0.1 | 11.01 |

| 时间 | 隔墙冷却水 | |
|---|---|---|
| 7.24 | 进水压力/MPa | 出水压力/MPa |
| 9：20 | 0.14 | 0.11 |
| 10：00 | 0.14 | 0.11 |
| 10：30 | 0.07 | 0.03 |
| 11：00 | 0.07 | 0.03 |
| 13：00 | 0.07 | 0.03 |
| 13：30 | 0.07 | 0.03 |
| 14：00 | 0.07 | 0.03 |
| 14：30 | 0.07 | 0.03 |
| 15：00 | 0.07 | 0.03 |
| 平均 | 0.09 | 0.05 |
| | | |
| | | |

整理后

| 固定筛筛条出口（窑） | | | |
|---|---|---|---|
| 平均 | 出温/℃ | 压力/MPa | 流量/$m^3 \cdot h^{-1}$ |
| | 49.10 | 0.12 | 164.94 |

| 受料斗隔墙冷却水出口 | | | |
|---|---|---|---|
| 平均 | 出温/℃ | 液压站冷却水回水温度/℃ | |
| | | 1 号 | 2 号 |
| | 83.49 | 36.25 | 36.91 |

| 固定筛高端出口（环冷） | | | |
|---|---|---|---|
| 平均 | 出温/℃ | 压力/MPa | 流量/$m^3 \cdot h^{-1}$ |
| | 49.52 | 0.12 | 33.15 |

| 固定筛低端出口（环冷） | | | |
|---|---|---|---|
| 平均 | 出温/℃ | 压力/MPa | 流量/$m^3 \cdot h^{-1}$ |
| | 50.46 | 0.10 | 11.00 |

附表 3-15-2 冷却水进水温度及压力、流量

| 项 目 | 进水温度/℃ | 压力/MPa | 流量/$m^3 \cdot h^{-1}$ |
|---|---|---|---|
| 环冷机 | 43 | 0.426 | 357.36 |
| | 43 | 0.427 | 358.10 |
| | 44 | 0.368 | 360.71 |
| | 45 | 0.368 | 361.91 |
| | 46 | 0.367 | 359.18 |
| | 49 | 0.366 | 360.47 |
| | 50 | 0.366 | 359.35 |
| | 50 | 0.365 | 359.25 |
| | 50 | 0.366 | 359.24 |
| 平 均 | 47 | 0.380 | 359.51 |

附表 3-15-3 固定筛高端冷却水出口温度 (℃)

| 时 间 | 7.24 | 7.25 | 7.26 | 7.27 |
|---|---|---|---|---|
| 1 | 46.21 | 56.26 | 54.71 | 56.82 |
| 2 | 46.20 | 56.55 | 55.19 | 56.94 |
| 3 | 46.01 | 56.21 | 55.65 | 57.24 |
| 4 | 45.87 | 56.15 | 55.26 | 57.12 |
| 5 | 46.03 | 55.94 | 55.47 | 57.15 |
| 6 | 45.90 | 55.70 | 55.34 | 57.25 |
| 7 | 45.56 | 55.62 | 55.21 | 57.15 |
| 8 | 45.31 | 55.61 | 55.12 | 57.11 |
| 9 | 45.54 | 55.46 | 55.18 | 57.13 |
| 10 | 45.93 | 54.92 | 55.11 | 57.57 |
| 11 | 189.62 | 54.35 | 55.23 | 58.32 |
| 12 | 48.69 | 54.65 | 55.49 | 58.91 |
| 13 | 50.10 | 55.40 | 56.11 | 59.14 |
| 14 | 51.39 | 55.50 | 56.35 | 59.18 |
| 15 | 52.10 | 55.41 | 55.73 | 59.29 |
| 16 | 52.73 | 54.54 | 55.73 | 59.06 |
| 17 | 53.04 | 54.34 | 56.30 | 59.09 |
| 18 | 53.17 | 54.08 | 56.29 | 59.41 |
| 19 | 53.67 | 53.35 | 56.08 | 59.24 |
| 20 | 54.14 | 53.31 | 56.16 | 59.50 |

续附表 3-15-3

| 时　间 | 7.24 | 7.25 | 7.26 | 7.27 |
|---|---|---|---|---|
| 21 | 54.59 | 53.56 | 56.06 | 59.46 |
| 22 | 55.11 | 54.20 | 56.63 | 59.38 |
| 23 | 55.59 | 54.55 | 56.52 | 59.71 |
| 24 | 55.92 | 54.74 | 56.61 | 59.58 |
| 平均 | 55.77 | 55.02 | 55.73 | 58.37 |
| 总平均 | 56.22 | | | |

**附表 3-15-4　固定筛低端冷却水出口温度** (℃)

| 时　间 | 7.24 | 7.25 | 7.26 | 7.27 |
|---|---|---|---|---|
| 1 | 47.74 | 57.15 | 55.63 | 57.72 |
| 2 | 47.65 | 57.50 | 56.24 | 57.82 |
| 3 | 47.37 | 57.03 | 57.02 | 58.21 |
| 4 | 47.23 | 57.00 | 56.21 | 57.96 |
| 5 | 47.46 | 56.80 | 56.39 | 57.99 |
| 6 | 47.25 | 56.35 | 56.15 | 58.14 |
| 7 | 46.94 | 56.47 | 56.04 | 58.05 |
| 8 | 46.65 | 56.42 | 55.90 | 57.95 |
| 9 | 46.98 | 56.28 | 56.06 | 57.89 |
| 10 | 176.68 | 55.52 | 55.98 | 58.49 |
| 11 | 226.67 | 55.00 | 56.15 | 59.38 |
| 12 | 49.87 | 55.63 | 56.43 | 60.03 |
| 13 | 51.01 | 56.61 | 57.02 | 60.35 |
| 14 | 52.40 | 56.58 | 57.39 | 60.29 |
| 15 | 52.95 | 56.23 | 56.43 | 60.42 |
| 16 | 53.57 | 55.49 | 56.77 | 60.23 |
| 17 | 53.84 | 55.35 | 57.22 | 60.29 |
| 18 | 54.06 | 54.87 | 57.10 | 60.62 |
| 19 | 54.54 | 54.35 | 56.89 | 60.20 |
| 20 | 54.98 | 54.26 | 57.17 | 60.68 |
| 21 | 55.50 | 54.55 | 57.11 | 60.64 |
| 22 | 56.11 | 55.21 | 57.70 | 60.47 |
| 23 | 56.59 | 55.62 | 57.25 | 60.99 |
| 24 | 56.86 | 55.75 | 57.34 | 60.67 |

续附表 3-15-4

| 时 间 | 7.24 | 7.25 | 7.26 | 7.27 |
| --- | --- | --- | --- | --- |
| 平均 | 63.79 | 55.92 | 56.65 | 59.40 |
| 总平均 | 58.94 | | | |

附表 3-15-5 平料托冷却水出口温度 (℃)

| 时 间 | 7.24 | 7.25 | 7.26 | 7.27 |
| --- | --- | --- | --- | --- |
| 1 | 160.22 | 63.19 | 62.40 | 63.39 |
| 2 | 159.77 | 63.53 | 63.15 | 63.91 |
| 3 | 159.41 | 62.69 | 63.43 | 64.53 |
| 4 | 159.40 | 62.76 | 63.16 | 64.33 |
| 5 | 159.88 | 62.47 | 63.47 | 64.47 |
| 6 | 158.93 | 62.61 | 62.00 | 64.63 |
| 7 | 158.08 | 62.58 | 62.14 | 64.47 |
| 8 | 158.40 | 61.81 | 62.37 | 64.39 |
| 9 | 159.00 | 62.29 | 62.49 | 64.27 |
| 10 | 160.12 | 61.91 | 62.39 | 64.85 |
| 11 | 878.02 | 61.17 | 62.17 | 64.73 |
| 12 | 55.55 | 61.96 | 62.63 | 65.95 |
| 13 | 56.40 | 62.99 | 63.38 | 66.32 |
| 14 | 58.27 | 63.37 | 63.55 | 66.51 |
| 15 | 58.68 | 63.06 | 61.77 | 66.36 |
| 16 | 59.34 | 61.65 | 63.40 | 66.41 |
| 17 | 59.06 | 61.95 | 64.07 | 66.43 |
| 18 | 59.39 | 60.97 | 63.27 | 66.85 |
| 19 | 60.65 | 59.53 | 62.54 | 66.13 |
| 20 | 61.21 | 60.03 | 62.52 | 66.44 |
| 21 | 61.54 | 61.17 | 62.25 | 66.72 |
| 22 | 62.23 | 61.98 | 62.41 | 66.15 |
| 23 | 62.54 | 62.56 | 62.03 | 66.37 |
| 24 | 63.00 | 62.51 | 62.36 | 66.53 |
| 平均 | 103.09 | 62.11 | 62.72 | 65.46 |
| 总平均 | 73.35 | | | |

**附表 3-16　成品秤累计**

(t/h)

| 时　间 | 7.24 | 7.25 | 7.26 | 7.27 |
|---|---|---|---|---|
| 1 | 282.80 | 294.64 | 281.92 | 279.39 |
| 2 | 277.83 | 277.81 | 262.41 | 287.55 |
| 3 | 274.50 | 270.48 | 273.36 | 289.31 |
| 4 | 278.38 | 267.78 | 269.70 | 263.06 |
| 5 | 260.41 | 281.61 | 277.06 | 245.08 |
| 6 | 250.47 | 280.39 | 246.89 | 258.84 |
| 7 | 250.44 | 255.14 | 281.02 | 246.13 |
| 8 | 249.09 | 251.63 | 276.66 | 255.58 |
| 9 | 266.64 | 290.89 | 313.63 | 286.28 |
| 10 | 268.56 | 269.44 | 324.77 | 278.53 |
| 11 | 282.11 | 249.94 | 293.47 | 286.95 |
| 12 | 297.83 | 277.11 | 267.50 | 259.11 |
| 13 | 272.08 | 290.45 | 278.33 | 267.70 |
| 14 | 268.47 | 282.78 | 269.70 | 273.47 |
| 15 | 291.00 | 257.52 | 178.86 | 283.16 |
| 16 | 284.94 | 262.06 | 292.14 | 258.55 |
| 17 | 270.23 | 273.05 | 292.72 | 291.16 |
| 18 | 244.45 | 293.16 | 267.36 | 298.78 |
| 19 | 263.53 | 277.53 | 243.47 | 282.03 |
| 20 | 279.89 | 251.58 | 273.88 | 252.33 |
| 21 | 285.89 | 275.61 | 282.30 | 282.31 |
| 22 | 288.48 | 288.30 | 311.95 | 290.84 |
| 23 | 277.77 | 277.70 | 258.91 | 283.44 |
| 24 | 283.88 | 282.11 | 290.97 | 290.08 |
| 平均 | 272.90 | 274.11 | 275.37 | 274.57 |
| 总平均 | 274.24 | | | |

**附表 3-17　环冷机各段面积表**

| 面积/$m^2$ | 顶部 | 外侧 | 内侧 | 底部 |
|---|---|---|---|---|
| 环冷一段 | 52.7 | 92.15 | 56.35 | 47.25 |
| 环冷二段 | 64.8 | 92.15 | 56.35 | 43.37 |
| 环冷三四段 | 129.6 | 184.3 | 112.7 | 88.25 |

**附表 3-18 补测数据 1：环冷机一冷段烟气温度**

| 环冷一段排气温度/℃ | 1088 | 1088 | 1085 |
|---|---|---|---|
| | 1083 | 1103 | 1104 |
| 平均/℃ | 1091.8 | | |

**附表 3-19 补测数据 2：环冷机二冷段烟气流量**

| 温度/℃ | 动压/hPa | | 静压/hPa |
|---|---|---|---|
| 823 | 1.3 | 1.4 | 10 |

**附表 3-20 补测数据 3：成品球参数**

| 时 间 | +16mm 粒度 | 10 ~ 16mm 粒度 | -5mm 粒度 | 5 ~ 10mm 粒度 | 抗压强度/N · 个$^{-1}$ |
|---|---|---|---|---|---|
| 2006-10-29 | 13.6 | 83 | 0.7 | 2.7 | 3491 |

| 成分/% | TFe | FeO | $Fe_2O_3$ | $SiO_2$ | CaO | $SO_2$ | MgO | $Al_2O_3$ | 总计 |
|---|---|---|---|---|---|---|---|---|---|
| | 65.47 | 0.36 | 93.13 | 4.57 | 0.21 | 0.006 | 0 | 0.79 | 99.06 |

# 参考文献

[1] 冯俊小，孙志斌，张宇，等. 链箅机-回转窑系统的热诊断与节能分析 [J]. 烧结球团，2007，32：12.

[2] 冯俊小，郑海薇，张永明. 链箅机的热工测试及节能研究 [J]. 工业炉，2008，1：11~13.

[3] 孙志斌. 环冷机内球团热过程的研究 [D]. 北京：北京科技大学，2007，1.

[4] 冯俊小，吕悠扬，等. 氧化球团回转窑质能平衡分析及节能优化 [J]. 工业加热，2007，36（5）：14~16.

[5] 冯俊小，谢晓燕，孙立佳，张大宝. 含碳球团厚料层穿流干燥的实验研究 [J]. 工业加热，2008，37（3）：9~12.

[6] 徐景海，冯俊小，张永明，孔令坛. 首钢矿业公司链箅机-回转窑热工测试与分析 [J]. 钢铁，2009，44（3）：90~92.

[7] 张宇，冯俊小，张材，谢知音，果乃涛. 链-回-环系统铁矿氧化球团焙烧过程的能量和㶲分析 [J]. 烧结球团，2008，33（5）：5~10.

[8] 冯俊小，张宇，谢知音，张材，果乃涛. 回转窑内铁矿氧化球团焙烧过程的能量和㶲分析. 华北电力大学学报，2009，36（3）：33~37.

[9] Junxiao Feng, Zhibin Sun, Yu Zhang, Zhiyin Xie. Numerical Simulation of the Thermal Process for Pellets in the Annular Cooler. 7th International Symposium on Heat Transfer, October 26-29, 2008, Beijing, China.

[10] Yu Zhang, Junxiao Feng, Cai Zhang, Zhiyin Xie, Naitao Guo. Energy and Exergy Analysis of Grate-kiln-cooler Process Used for Induration of Iron Ore Pellets. 7th International Symposium on Heat Transfer, October 26-29, 2008, Beijing, China.

[11] 沈维道，蒋智敏，童钧耕合编. 工程热力学 [M]. 3 版. 北京：高等教育出版社，2001，6.

[12] 朱元海，陈慧娟，罗洪君，等. 㶲概念与其表达式的热力学一致性研究 [J]，化学工程，2006，7.

[13] 汤学忠. 热能转换与利用 [M]. 2 版. 北京：冶金工业出版社，2002.

[14] 傅秦生. 能量系统的热力学分析方法 [M]. 西安：西安交通大学出版社，2005，7.

[15] 袁一，胡德生. 化工过程热力学分析法 [M]. 北京：化学工业出版社，1985.

[16] 韩昭沧. 燃料及燃烧 [M]. 北京：冶金工业出版社，1994.

[17] 巴伦（Barin）. 纯物质热化学手册 [M]. 程乃良等译. 北京：科学出版社，2003：10.

[18] 严兆大. 热能与动力机械测试技术 [M]. 北京：机械工业出版社，1999，7.

[19] 吕崇德. 热工参数测量与处理 [M]. 北京：清华大学出版社，2006，12.

[20] 冯俊小. 链-回-环系统热工过程测试报告 [R]. 北京科技大学，2009.

[21] 刘丽娜，韩秀丽. 影响烧结矿质量因素的综述 [J]. 河北理工学院学报，2006，28（5）.

[22] 徐亚军，王纪英，李长兴. 链箅机-回转窑-环冷机球团新工艺与中国球团技术发展 [J]，北京：北京首钢设计院.

[23] 张一敏. 球团理论与工艺 [M]. 北京：冶金工业出版社，2002.
[24] 王瑞华，王宏强. 关于完善球团生产工艺的讨论 [J]. 山西冶金，2002，3.
[25] 张一敏. 球团矿生产知识问答 [M]. 北京：冶金工业出版社，2005.
[26] 朱锴，夏雷阁. 首钢球团厂截窑工程的内容和成果 [J]. 烧结球团，2001，5.
[27] 王补宣，等. 动力工程师手册 [M]. 北京：机械工业出版社，1996，7.
[28] 叶匡吾. 强化链箅机-回转窑氧化球团生产的途径 [J]. 烧结球团，2004（29）：23～27.
[29] 韩昭沧. 燃料及燃烧 [M]. 2版. 北京：冶金工业出版社，1994. 10.
[30] 叶大伦，胡建华. 实用无机物热力学数据手册 [J]. 北京：冶金工业出版社，2002. 9.
[31] 王介生. 鞍钢200万吨氧化球团链箅机-回转窑系统的设计 [J]，烧结球团，2005，30（1）：9～13.
[32] Meisena Shuaix. A Rule Based Cement Kiln Control System Using Neural Networks [J]. Proceeding on IEEE International Conference on Intelligent Processing Systems，1997，1（1）：493～497.
[33] 熊守安，朱德庆. 链箅机-回转窑法氧化球团矿实验研究 [J]. 烧结球团，2002，27（4）：1～5.
[34] Guedesdecarvalho，Jrfpintoamer，Pinhocmct. Mass Transfer Around Carbon Particles Burning in Fuidized Beds [J]. Transactions of the Institution of Chemical Engineers，1991，69（6）：63～70.
[35] 朱锴，夏雷阁. 首钢球团厂截窑工程的内容和成果 [J]. 烧结球团，2001，5：1～9.
[36] 杨世铭. 传热学 [M]. 北京：高等教育出版社，1998.
[37] 解珍健. 马钢一烧球团生产节能降耗的措施 [J]. 球团技术，2004（2）：15～17.
[38] Forsmo S P E. et al. Mechanisms in Oxidation and Sintering of Magnetite Iron Ore Green Pellets [J]. Powder Technology，2008，183：247～248.
[39] 袁文斌. 国外链箅机—回转窑氧化球团译文集，1981.
[40] 汤学忠. 动力工程师手册 [M]. 北京：机械工业出版社，1999.
[41]《回转窑》编写组. 回转窑（设计、使用与维修）[M]. 北京：冶金工业出版社，1978.
[42] 高宇宏，张英明，唐玖. 链箅机的结构简介 [J]. 机械工程与自动化，2008，4：109～110.
[43] 刘文权. 对中国球团矿生产发展的认识和思考 [J]. 冶金工业规划研究院，2006，25（3）.
[44] 叶匡吾. 球团矿的发展历史和前景. 中冶长天国际工程有限责任公司，2006.
[45] 孔令坛. 试论中国球团矿的发展. 2008年全国炼铁生产技术会议暨炼铁年会文集（上册），北京科技大学，2008.
[46] 刘文权. 中国球团矿生产现状和发展趋势分析 [C] //2007年全国球团技术研讨会论文集，2007：4～6.
[47] 球团技术编辑部. 2007年1-9月全国球团厂主要生产技术经济指标 [J]. 球团技术，2007，4：43～47.
[48] 傅菊英，姜涛，朱德庆. 烧结球团学 [M]. 长沙：中南工业大学出版社，1996：317～324.

[49] 唐先觉，朱雪琴. 技术进步和中国烧结球团业的大发展［C］//2005年全国炼铁原料学术会议论文集，2005：15～17.

[50] 潘宝巨，贺宝年. 中国球团矿发展与合理炉料结构［J］. 冶金部钢铁研究总院，1998，第18卷增刊.

[51] 刘文权，郜学. 中国烧结球团现状和发展趋势［J］. 冶金工业规划研究院，2009，10.

[52] 潘宝臣，张成吉. 中国铁矿石造块适用技术［M］. 北京：冶金工业出版社，2000.

[53] 张汉泉. 链箅机-回转窑铁矿氧化球团干燥预热工艺参数研究［J］. 矿冶 2005，14（2）:59～62.

[54] 徐亚军，李长兴，王纪英. 链箅机-回转窑球团工艺的开发与应用［J］. 中国冶金，2005，15（4）：17～20.

[55] 孔令坛. 高炉炉料结构的优化［J］. 2006年全国炼铁生产技术会议暨炼铁年会文集，2006：64～67.

[56] J. 勒布蒂耶. 北美铁矿石工业新时空［J］. 国外金属矿山，1999，4.

[57] 王铁臣. 链箅机-回转窑系统热平衡分析及其模型化［D］. 沈阳：东北大学，2006，2.

[58] 郑海薇. 链箅机内球团干燥预热过程的研究［D］. 北京：北京科技大学，2007，1.

[59] 吕悠扬. 回转窑内球团热过程的研究［D］. 北京：北京科技大学，2007，1.

[60] 刘文权. 对中国球团生产发展的几点认识和思考［J］. 炼铁，2006，（3）：10～13.

[61] 唐先觉. 浅谈中国烧结球团事业50年来的技术进步［J］. 烧结球团，2004，29（6）：1～3.

[62] Yu Zhang, Junxiao Feng, Cai Zhang, Zhiyin Xie, Naitao Guo. Eenergy and Exergy Analysis of Grate-Kiln-Cooler Process Used for Induration of Iron Ore Pellets［C］// 7th International Symposium on Heat Transfer, October 26-29, 2008, Beijing, China.

[63] Haiwei Zheng, Junxiao Feng, Yu Zhang, Zhiyin Xie. Study of the Pellets' Drying and Preheating Process in Grate［C］// 7th International Symposium on Heat Transfer, October 26-29, 2008, Beijing, China.

[64] Lv Youyang, Feng Junxiao, Zhang Yu, Xie Zhiyin. Numerical Simulation and Analysis of Combustion Process in the Oxidative Pellet Rotary Kiln［C］// 9th Asia-Pacific International Symposium on Combustion and Energy Utilization, Noverber 2 - 7, 2008, Beijing, China：321～326.

[65] Junxiao Feng, Yu Zhang, Yiyang Zhang, Zhiyin Xie, Cai Zhang. A Mathematical Model of Gas Flow Distribution in the Grate - Kiln Iron Ore Pellets Induration Process［C］//The 6th International Symposium on Multiphase Flow, Heat & Mass Transfer and Energy Conversion (ISMF 2009). Xi´an, China, July 11-15, 2009.

[66] Yu Zhang, Feng Junxiao, Xie Zhiyin, Zhang Cai. Energy and Exergy Analysis of Iron Ore Pellets Induration in the Coal Fired Rotary Kiln［J］. Journal of Iron and Steel Research International, 2009, 16：303～307.

[67] Yu Zhang, Feng Junxiao, Xie Zhiyin, Zhang Cai. The First and Second Law Analysis of Thermodynamics for Iron Ore Pellets Induration in the Traveling Grate［J］. Journal of Iron and Steel

Research International，2009，16：332～336.

[68] Zhang Y，et al. Energy and Exergy Analysis of Iron Ore Pellets Induration in the Coal-Fired Rotary Kiln [J]. Journal of Iron and Steel Research International，2009，16：303～307.

[69] Zhang Y，Feng J X，Xie Z Y，et al. The First and Second Law Analysis of Thermodynamics Analysis for Iron Ore Pellets Induration in the Traveling Grate [J]. Journal of Iron and Steel Research International，2009，16：322～326.

[70] 余永富. 中国铁矿资源有效利用及选矿发展的方向 [J]. 金属矿山，2001，2 (296).

[71] 肖琪. 团矿理论和实践 [M]. 长沙：中南大学出版社，2002.

[72] 郝素菊，等. 中国竖炉球团生产技术进步 [J]. 钢铁，2002，37 (12).

[73] 乔庭明，赵忠文. 球团原料结构的优化及生产实践 [J]. 山东冶金，1999，6：37～39.

[74] 国外铁矿粉造块组. 国外铁矿粉造块 [M]. 北京：冶金工业出版社，1981.

[75] 李兴凯. 链算机-回转窑法焙烧球团矿 [J]. 球团技术，2000，1～2.

[76] 俞守淦. 铁矿氧化球团生产 [M]. 北京：冶金工业出版社，1987.

[77] 荒井康夫. 粉体的力学化学性能 [M]. 王成华译. 武汉工业大学译丛，1980.

[78] 熊守安，朱德庆，范晓慧，等. 链算机-回转窑法氧化球团矿试验研究 [J]. 烧结球团，2002.

[79] 叶匡吾. “一步法”直接还原工艺与喀左直接还原铁工程 [C] //中国金属学会全国直接还原技术交流会论文集. 河南登封：中国金属学会，1996：143～155.

[80] 秦廷许. 中国发展直接还原的路径 [C] //中国金属学会全国直接还原技术交流会论文集. 河南登封：中国金属学会，1996：62～66.

[81] 陈茂熙. 回转窑直接还原工艺“一步法”与“二步法”探讨 [M] //中国金属学会全国首届回转窑直接还原学术会议论文集. 沈阳：东北工学院出版社，1992：29～31.

[82] 张汉泉. 武钢程潮氧化球团链算机工艺参数研究 [J]. 钢铁研究，2003，6.

[83] 明平洋，王泽生. 链算机-回转窑抽风干燥烟气的净化 [J]. 工业安全与环保，2003，8.

[84] 温春友，等. 基于数字图像处理的球团矿粒度检测 [J]. 烧结球团，2004，2：38～40.

[85] 郑耀东，范晓慧. 球团生产计算机控制现状 [J]. 球团技术，2004，2：23～26.

[86] 苟卫东. 鞍钢球团自动控制系统的改造 [J]. 烧结球团，2001，6：25～27.

[87] 铁矿石冶金性能检测方法国家标准起草小组. 中华人民共和国国家标准——铁矿还原性的测定方法 [J]. 烧结球团，1991，16 (3).

[88] 冶金工业信息标准研究院标准化研究所，中国标准出版社第二编辑室. 矿产品、原料及其试验方法标准汇编 [S]. 2 版. 北京：中国标准出版社，2003.

[89] Meyer K. 铁矿石球团法 [M]. 杉木译. 北京：冶金工业出版社，1980.

[90] 周曲定，孔令坛. 铁矿石造块理论及工艺 [M]. 北京：冶金工业出版社，1988.

[91] 中南矿冶学院团矿教研室. 团矿学 [M]. 中南矿冶学院，1988.